普通高等教育艺术设计类新形态教材

宋立民　总主编

建筑模型设计与制作

（第四版）

ARCHITECTURAL MODEL DESIGN AND PRODUCTION

（The 4th Edition）

党雨田　主编

中国轻工业出版社

图书在版编目（CIP）数据

建筑模型设计与制作 / 党雨田主编. —4版. —北京：中国轻工业出版社，2024.9

ISBN 978-7-5184-4988-0

Ⅰ.①建… Ⅱ.①党… Ⅲ.①模型（建筑）—设计 ②模型（建筑）—制作 Ⅳ.①TU205

中国国家版本馆CIP数据核字（2024）第110077号

责任编辑：李 争

文字编辑：王 玙 责任终审：李建华 设计制作：锋尚设计

策划编辑：王 淳 王 玙 责任校对：朱燕春 责任监印：张 可

出版发行：中国轻工业出版社（北京鲁谷东街5号，邮编：100040）

印 刷：天津裕同印刷有限公司

经 销：各地新华书店

版 次：2024年9月第4版第1次印刷

开 本：870×1140 1/16 印张：9.5

字 数：260千字

书 号：ISBN 978-7-5184-4988-0 定价：65.00元

邮购电话：010-85119873

发行电话：010-85119832 010-85119912

网 址：http://www.chlip.com.cn

Email：club@chlip.com.cn

231325J1X401ZBW

前言 PREFACE

习近平总书记在党的二十大会议中指出，教育、科技、人才是全面建设社会主义现代化国家的基础性、战略性支撑。在百年奋斗历程中，我们党始终重视教育、重视培养人才。习近平总书记高度重视科技和教育事业发展，围绕科技创新和教育工作作出一系列重要论述，强调要深入实施科教兴国战略、人才强国战略、创新驱动发展战略，完善国家创新体系，加快建设科技强国，实现高水平科技自立自强。

建筑模型设计与制作是微观的建筑设计与制作，是每一个建筑与环境设计师应该掌握的技术和能力，也是我国城乡建设人才培养的重要课程之一，结合了科学的先进性、艺术的审美性与教育的融合性，是科技、艺术和教育事业完美结合的基础课程。本书是该课程的教学用书，深入且全面地讲解了建筑模型制作的相关知识和技巧，适用于普通高等院校建筑类专业和设计类专业。学习建筑模型设计与制作，可根据本书深入浅出地了解建筑模型的起源发展、设计方法、材料选配与实践操作。

现代建筑模型是建筑方案设计的三维表现形式，当传统二维设计图纸不能全面反映建筑空间关系时，建筑模型就能充分体现优势，对形体结构纵深进行精确定位、展现设计概念和设计效果、帮助设计师推敲和检验设计策略。现代建筑模型设计与制作不再是方案设计的附属，它已经成为一门独立的课程，需要同学们用更多的时间与精力来潜心钻研。

精致华美是目前商业展示模型的追求目标，商业展示模型讲究表现效果，采用高档成品ABS板，通过精密数控机床加工，配置丰富多彩的光电设备，其表现效果深受广大人民群众喜爱，具有广泛的市场应用性。但是其创意构思与空间形体仍旧是以模型制作为基础，材料与设备在不断改进，而创作思想的突破难度更大、更具挑战性。因此，我们对建筑模型的认识应有所提高，要在商业竞争中抢占先机，必须从基础开始，在头脑中建立系统的知识体系，使创作能力和建筑模型作品都得到质的飞跃。

建筑模型的学习过程主要包括设计创意、配置材料、加工制作三个阶段。设计创意又可以分为概念设计与图纸设计两个层次，大多数情况下是对现有建筑设计方案进行归纳，既要完整反映原创方案的空间形体，又要对细部构造做大胆概括，同时还需绘制模型制作图纸，将尺寸、比例、材料名称详尽地标注出来。

模型设计图的深入程度并不亚于建筑设计图，只是受众面较窄，可以运用草图绘制软件表现。材料是建筑模型制作的媒介，选配时要根据创意构思、表现目的、投资状况作综合考虑。研究性建筑模型趋向于单色表现，对材料配置要求比较单一，而商业展示性建筑模型则要求质地丰富、效果出众。一般而言，建筑模型以中低档材料为主，适当增添成品装饰板与配景构件，还可以配合照明器具来渲染效果，以有限的条件去创造无限的精彩。现代建筑模型制作追求效率，必定会用到机械设备，这样既能提高制作速度，还能提升制作品质。学习建筑模型应该创造条件，接触各种先进设备，了解行业发展状况。制作是建筑模型的生成途径，在学习过程中，制作工艺可以多种多样，以教材为依据作自由发挥，任何日用品、文具、设备都可能成为模型制作的有效工具，创造出无穷的变化。建筑模型的学习过程既是练习技巧的过程，也是研究过程和创新过程，需要手脑配合、技巧与创意结合，在本书的指导基础上还要进一步开拓思维，创造新意。

本书自2010年第一版出版发行以来，深受高等院校师生欢迎，根据读者需要，我们对原教材进行修订，推出了第二版、第三版，不断受到好评。这次，本书进一步修订，突出内容的时代性，提升了对建筑类、艺术类专业不同层次院校学生的普适性。具体更新内容包括：介绍了当代主流模型的类型和制作工艺，介绍了全新的模型制作材料，增补了纯手工模型精细化制作过程，融入了机械加工模型制作方法等，还修改了课件PPT，增加了建筑模型制作视频和相关思政融合训练。其内容新颖、系统全面，图文并茂，并兼顾专业与普及两个方面的需求。

在本书第四版编写过程中，清华大学美术学院环境艺术设计系宋立民教授给予了指导，湖北工业大学艺术设计学院李映彤老师、长江职业学院米锐老师、武汉宏图誉构模型科技有限公司、武汉行轩筑美科技传媒有限公司都给予了极大的支持，书中的建筑模型作品大部分由湖北工业大学艺术设计学院和西安建筑科技大学建筑学院师生创作完成。在此一并表示感谢。

由于时间仓促，内容或有不足和疏漏，敬请广大读者批评指正。

党雨田

于西安建筑科技大学

目录
CONTENTS

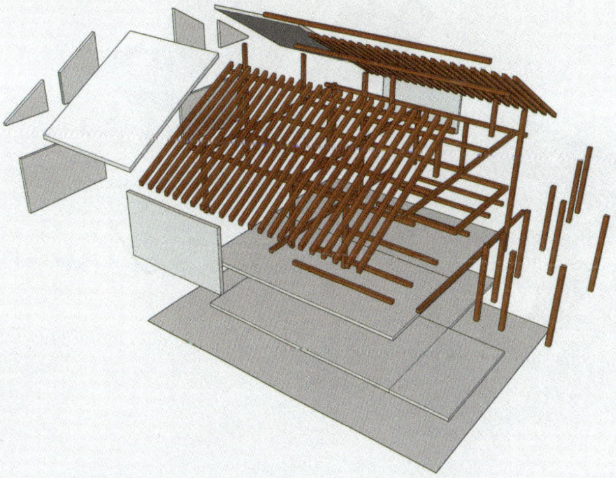

第4章　基础制作方法

第5章　高级制作方法

第6章　手工制作详解

第7章　机械加工详解

第1章
建筑模型基础

识读难度：★☆☆☆☆
重点概念：概述、分类、制作准备、图纸设计、制作流程

章节导读

建筑模型的制作过程是建筑设计方案再推敲的过程，同时也是检验设计图纸和设计方案是否具备可行性的过程。建筑模型立体化、真实化地呈现设计理念，对于后期整体建设会有很大帮助。由浅入深地了解建筑模型制作知识，有助于更好地从科技角度和艺术角度重新认识建筑模型（图1-1）。

图1-1　建筑模型

图1-1：建筑模型制作既能表现出建筑的形体结构，同时也能很好地表现出建筑与周围环境的关系，对环境的塑造是丰富和衬托建筑形体的重要手法。传统建筑模型制作是纯手工操作，现代建筑模型制作是用计算机建模和机械加工完成模块组件制作，再用手工作业将组件拼装、粘贴、修饰完成。

1.1　建筑模型概述

建筑模型是用来表现已有建筑，或用来推敲、检验、呈现建筑设计方案，利用相关材料按照一定比例关系或建构逻辑制作而成的实体模型，它能够作为一种媒介清晰地反映和传达模型制作者对建筑及环境的理解，展现建筑及环境的特征与魅力。

1.1.1　建筑模型概念特征

随着时代进步和科技发展，现代建筑模型不再局限于纯手工制作，雕刻机、3D打印机、激光切割机等机器和设备的使用让我们能够更为便捷、精确

地加工制作建筑模型。模型材料也不是只有木材和石膏，而是包括大量纸类和高分子材料，模型可利用智能控制技术增加照明、声音、运动等加以美化。因此，建筑模型不仅是手工实践课程，还是科技与手工、理论与实践相结合的重要课程。

1. 概念

建筑模型是用于展示建筑设计概念、建筑设计理念、建筑设计方案的一种直观、形象的结构形体，它具有较好的空间视觉效果，界于平面设计图纸与建筑实体之间，通过重组结构与色彩搭配，能够将平面与实体相关联，直观地表现建筑设计特色。

2. 基本特征

建筑模型通常具备以下特征（图1-2～图1-4）。

（1）多样性。建筑模型拥有多种造型和色彩，它由不同材料制作而成；根据不同用途，还可分为概念模型、推敲模型、展示模型、研究模型、观赏模型等。

（2）真实性。建筑模型追求真实的比例、造型、质感、色彩和建筑周边环境等，这种真实感使建筑模型更贴近现实，完美展现出建筑的魅力。

（3）时代性。建筑模型的制作材料与工艺具备时代特征，选用丰富的现代新型材料、高科技设备和新兴技术来制作建筑模型，使其结构和外观更稳固、细腻。

1.1.2 传统建筑模型

1. 中国传统建筑模型发展

以木为法曰“模”，以土为法曰“型”，从“模型”一词的最初概念即可看出，中国传统建筑模型多以木质和土质材料制作，以表现建筑的结构和环境。沙盘在我国最早诞生于秦朝，它是另一种形式的建筑模型，最初仅用于战争，是根据当时的真实地形或地形图，按照比例关系，摆放兵棋，采用泥沙等材料制作而成。其最初是专门供兵家研究战术、战情的模型，后期逐渐发展为研究城市建设和建筑群规划的建筑模型。

白色树木不是为了烘托意境，而是通过淡化视觉效果，将注意力集中在建筑形体结构上。

橙色建筑结构表现出建筑的主要造型特征，是研究建筑形式与功能的重要组成部分。

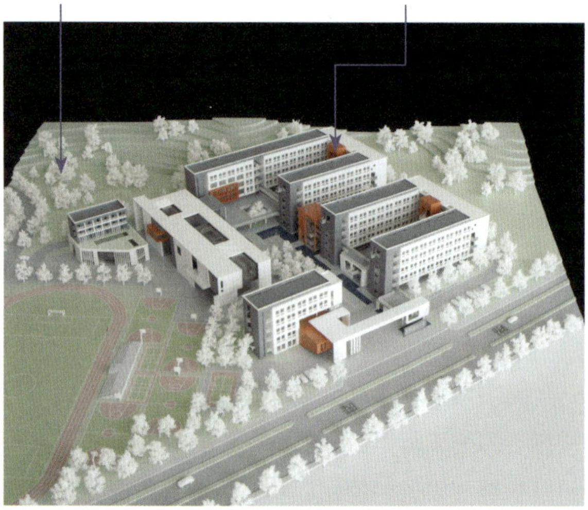

图1-2　研究性建筑模型

选用真实色彩来表现建筑外部与环境色彩，获得公众的认同。

搭配真实比例的车辆与绿化来衬托建筑形体的精准，强调真实性。

图1-3　展示性建筑模型

直至清代，中国先后出现了多种皇家建筑模型，例如圆明园、颐和园、京城王府等，典型代表是清代著名的样式雷家族制作的精美烫样，这类模型可为工程建造提供施工依据。“烫样”是一个名词，就像图样是指按比例绘制的图纸，烫样就是按比例做的用来审核设计方案、展现建筑效果的建筑模型。从复制品来看，当时的建筑模型在结构、意境上都十分精美，制作技艺高超（图1-5、图1-6）。

2. 西方传统建筑模型发展

在公元前5世纪的古希腊便出现了建筑模型的踪影，这类建筑模型形体较大。西方建筑模型发展至中世纪时，设计思想得到了部分解放，但这一时期的建筑模型形体较小，主要用于在客户面前展示建筑材料和构造，并阐述和说明建筑设计方案，预测该项工程可能需要的花费等。

在文艺复兴时期，西方建筑模型的设计风格与实体建筑风格趋于一致，依旧沿袭了古希腊时期和古罗马时期的设计风格，但在材料上多采用实体建筑制造时所选用的材料。20世纪包豪斯建筑出现后，建筑模型的制作成为设计阶段的一种重要工具，强调通过模型表现建筑空间和建构，模型本身也更具创造性和生动感，成为建筑设计过程中的主要参考（图1-7、图1-8）。

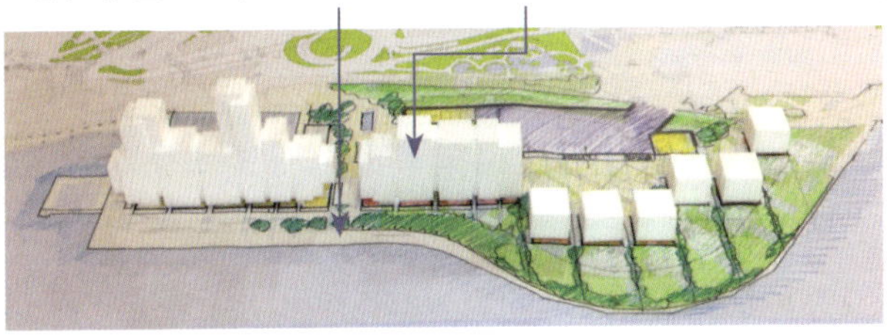

图1-4　建筑设计阶段的推敲模型（Renzo Piano Building Workshop）

图1-5　圆明园万方安和烫样（清，同治十二年）（《建筑学报》，2020.8. P96）

图1-6　木质与纸质建筑模型

图1-7　圣殿模型

图1-8　雅典卫城局部模型

商业建筑模型注重形体大小与高差对比。

内置灯光与外部投射照明融为一体。

（a）建筑规划模型

强调建筑内部局部发光，表现出生动、真实的建筑环境。

追求规划的条理性与秩序感。

（b）建筑室内模型

图1-9　现代房地产商业模型

图1-9（a）：商业展示模型往往注重表现细节，任何局部细节都有可能成为消费者关注的焦点。楼盘沙盘可以对建筑进行分级制作：正在开盘销售的建筑可按真实形态制作；未开发建筑可采用透明有机玻璃板雕刻，占据准确的地理位置即可。

图1-9（b）：表现建筑室内的商业模型，展示只是其中的部分功能；在室内设计过程中，还应随时替换其中的模型构筑与场景布置，替换过程就是不断改进的过程。

1.1.3　现代建筑模型

现代建筑模型要求具备一定的研究价值和经济价值，在制作时应更注重功能和美感的体现。

1. 商业模型

商业模型主要用于建筑及环境设计的展示和表现，在制作时要充分考虑观众的身份和理解能力，选择恰当的模型种类。总体上，商业模型追求精致的外观，在制作时会利用灯光、周边景观、周边多媒体设备等烘托出浓郁的商业氛围，主要表现在灯光效果上，多选用分散光源，更好地展示出商业街区的繁荣（图1-9）。

2. 地形学模型

地形学模型主要用于表现较大空间尺度中的建筑和建筑周边的地理环境，包括建筑周边的景观环境和人文环境。城市中常见的游乐场、公园、广场、街道、绿化设施等都属于该模型的范畴。地形学模型能够很好地表现建筑所处地形地貌环境特征，周边的交通、绿化、河湖等情况，常用于城乡规划、城市设计、场地设计等，模型中的所有元素都要根据真实比例进行制作，并根据表达的内容范围选择恰当的比例尺（图1-10）。

制作地形的高差，将建筑分布在不同高度的地势上。

（a）别墅群建筑模型

表达出城市街道公共空间的各个要素。

（b）城市设计模型

图1-10　地形学模型

1.2 建筑模型分类

建筑模型在人类历史上有3000多年的发展历史，经历过无数次演变，现有的模型种类繁多，可以从不同角度来做分析，不同类型的模型有不同的使用目的，分清模型类型也能帮助我们提高认识，提高制作效率。

1.2.1 概念模型

概念模型即为概念方案建筑模型。该模型主要用于表达建筑初始设计阶段的设计概念，一般是通过展示建筑初始结构和基础地形等来向公众传达建筑设计思想。

制作概念方案建筑模型时，为了更突出地表达设计概念，常常会摒除一些与设计概念无关的或不重要的建筑和环境细节，并适当减少配景材料的种类，慎重使用过于鲜艳的颜色，避免过多视觉信息干扰设计概念的表达。概念模型多会以平面或倾斜面的形式来表现建筑周边的地形特色，并通过重点强调建筑生成逻辑和空间组织关系来加深公众对该建筑概念方案的第一印象（图1-11）。

1.2.2 地产模型

地产模型可细分为总体展示建筑模型、区域展示建筑模型和单体建筑模型，根据展示范围的不同，模型制作的要求也会有所不同（图1-12）。

白色PVC板制作建筑主体，不着色，可随时变更设计概念。

周边地形制作稍带斜坡，再通过树木覆盖来缓解视觉高差。

（a）建筑群组模型

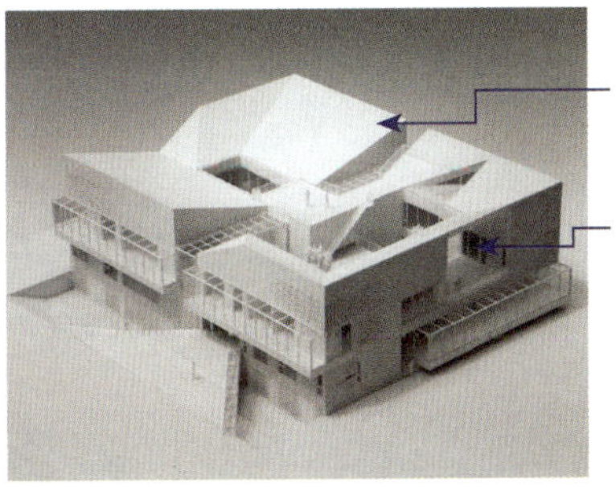

（b）单体建筑模型

强化屋顶倾斜造型表现，突出建筑结构特征。

内部形体结构表现准确，细节塑造到位；可省略周边环境配置，突出模型的表现重点。

图1-11　概念模型

表现建筑的个性造型与细微布局差异。

绿化植物虽然密集，但是不能遮挡道路；为了强化道路布局，还需要布置发光灯具。

（a）别墅区模型

（b）度假区模型

强调建筑模型与道路、绿化、水景之间的穿插，表现出丰富、复杂的视觉效果。

图1-12　地产模型

- 补充要点 -

房地产展示建筑模型制作的收费

房地产展示建筑模型的大小、比例、灯光、基座材质的不同等都会影响最终的价格，价格多在几万元至几十万元之间；也有部分制作精细、内容繁杂的建筑模型，这类模型收费会更高。房地产展示建筑模型的制作多按平方米收费，计价需要参考模型设计图纸和模型制作材料的市场价，通常以模型的实际占地面积来计价，计价为每平方米5000～10000元。

1.2.3　展览模型

通常将博物馆、纪念馆等场所，用于表现建筑文化的模型称为展览模型。这类模型，主要用于展示某一时期的整体风貌和建筑特色（图1-13）。

单体建筑高度均衡化，表现出宏大规模。

模型材料色彩单一，注重明暗层次对比。

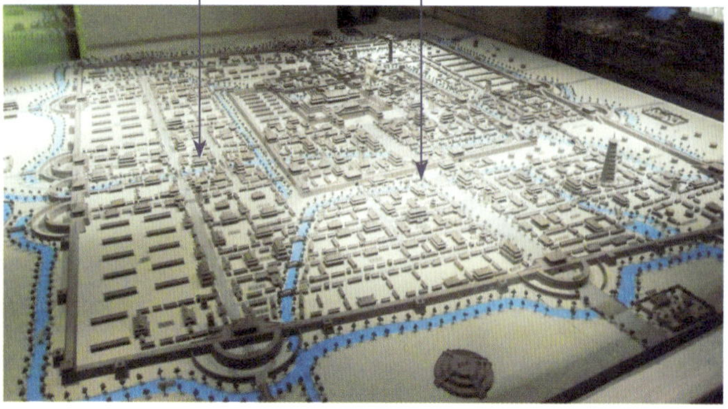

（a）建筑规划复原

拆除部分建筑结构，表现建筑内部构架。

外围不设辅助建筑，仅通过人物模型来衬托建筑形体。

（b）建筑结构解剖展示

图1-13　展览模型

1.2.4 设计推敲与研究模型

在建筑与环境设计时，有时设计师难以把握建筑方案的效果，需要用模型进行推敲、研究和检验，所做的模型即为推敲和研究模型。根据推敲和研究的内容差异，可选用体块模型、空间模型、剖面模型、立面模型、表达细部构造节点的局部模型等。在不同的设计阶段，设计推敲和研究模型的精细程度也是不同的，设计初期常常需要制作多个体块模型来比较不同的设计方案，在推敲研究建筑细部节点时甚至会制作1：1的足尺模型以判断真实的效果。不同于其他类型的模型，设计推敲与研究模型是给设计师自己使用的，其制作过程更加追求快捷和高效（图1-14）。

通过模型对建筑进行多方案比较，摒除模型的细节，以设计研究对象为表现核心。

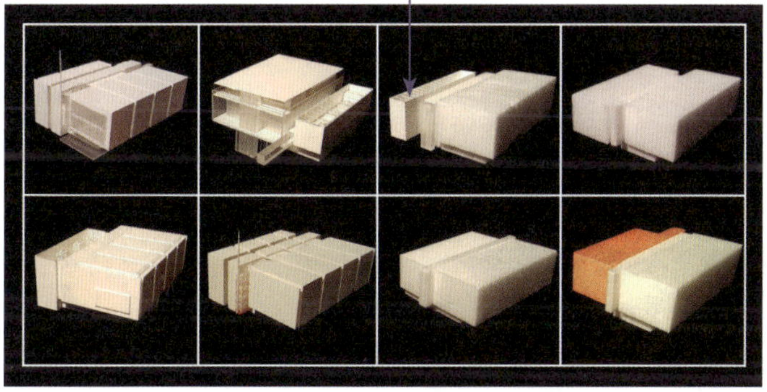

（a）建筑体块模型（多方案比较）

以模型和图纸共同表现建筑的细部构造做法。

（b）建筑细部模型

立面局部模型，用于推敲和表达立面形式及光影效果。

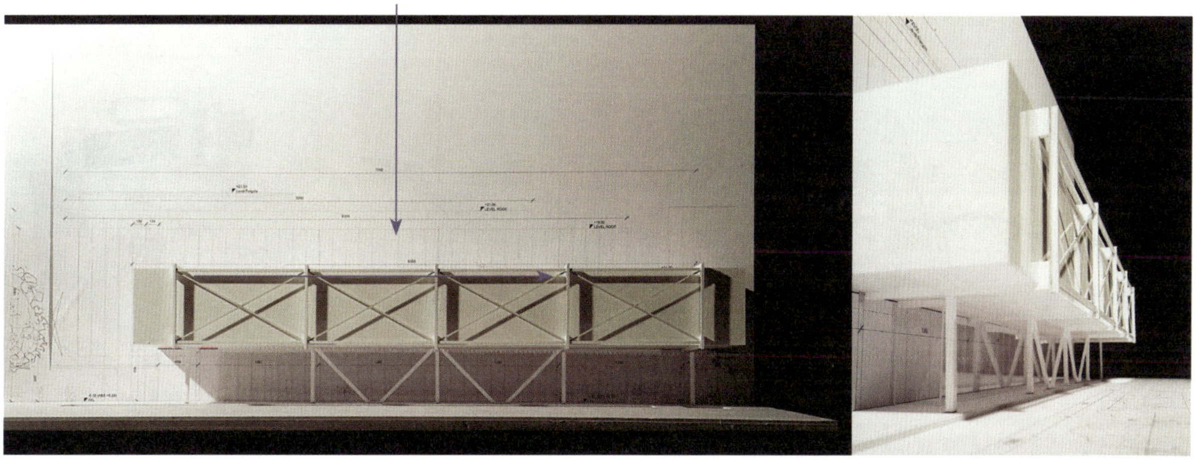

（c）建筑立面模型

图1-14 设计推敲与研究模型（Renzo Piano Building Workshop）

1.3 建筑模型制作要点

建筑模型需要借助材料与工具进行制作，它们种类丰富，在选择时需以模型为目标，适当选择。在条件允许的情况下，可利用多种工具、设备来加工材料，从而提高制作效率与质量。

1.3.1 了解工具和材料

1. 工具

制作建筑模型常用的工具种类很多，主要包括测量类工具，如直尺、三角板、角尺、比例尺、游标卡尺、模型模板、蛇尺等；切割类工具，如勾刀、裁纸刀、角度刀、剪刀、切圆刀、手术刀等；锯切工具，如钢锯、手锯、电动手锯、电动曲线锯、电热切割器等；打磨锉削工具，如砂纸、锉刀、台式砂轮机、抛光机、砂带机等。此外，在模型制作过程中，还会用到一些机械设备，如喷绘机、雕刻机、3D打印机等（图1-15）。

2. 材料

常用的建筑模型制作材料多达40多种，主要有纸质材料、木质材料、高分子材料、金属材料、玻璃材料、石膏、陶瓷材料、电子设备材料、各类胶剂等，这些材料的具体特性在后续章节中会有介绍。

在制作建筑模型材料之前要根据建筑模型的规

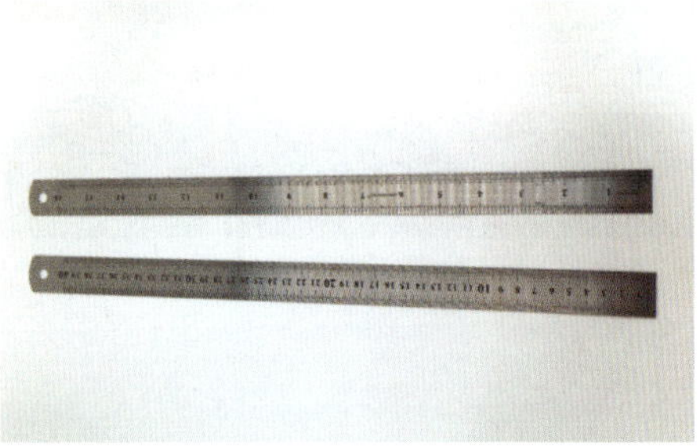

（a）钢板尺

（b）三角板

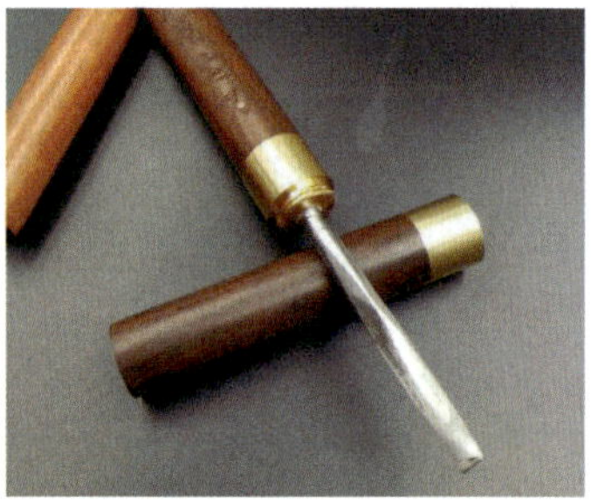

（c）凿子

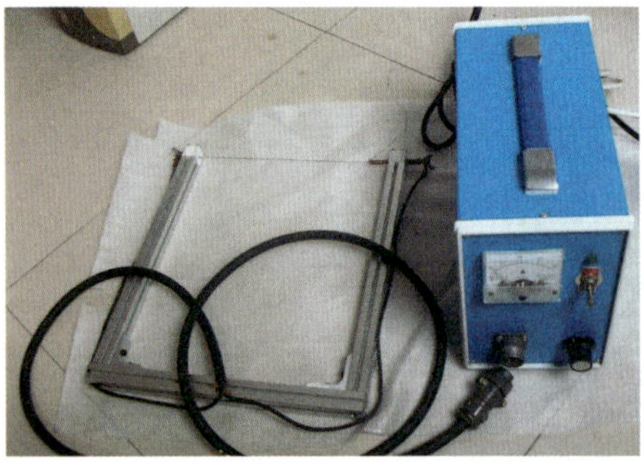

（d）电热丝切割器

（e）台式砂轮机

（f）雕刻机

图1-15　制作建筑模型需准备的部分工具

图1-15：为了提高建筑模型的制作效率，提升模型制作质量，必须使用到一些工具。在选择时需要考虑其实用性，使用正确的操作方法，并能熟练使用才能达到最佳的模型效果。

格和结构选择合适的材料，并采用相应工具将其裁切成型，然后再根据设计图纸将模型的零部件组装在一起。

不同性质的材料适用于制作建筑模型中的不同部位。例如，可用聚氯乙烯（PVC）材料制作建筑模型的毛坯结构；可用KT板制作小型建筑模型的底盘，KT板由聚苯乙烯（PS）颗粒经过发泡生成板芯，再经表面覆膜压合而成；可用有机玻璃板制作建筑模型的门窗贴面等，亚克力也称有机玻璃，化学名称为聚甲基丙烯酸甲酯（PMMA）（图1-16）。在选择材料时，不仅要考虑模型材料的颜色与真实材质的匹配度，而且要注意模型材料的纹理与真实材质的尺度是否匹配。此外模型材料是否便于加工，以及其经济性也是选择时需要考虑的因素。

1.3.2 工艺要求

高标准、严要求才能制作出精致的建筑模型，灯光选择、材料切割都应符合模型制作的基本要求，并保持美观。

1. 灯光

建筑模型在选择灯光时要遵循主次分明的分层原则，要明确整体区域主

（a）PVC板

（b）KT板

（c）有机玻璃材料制作的窗户

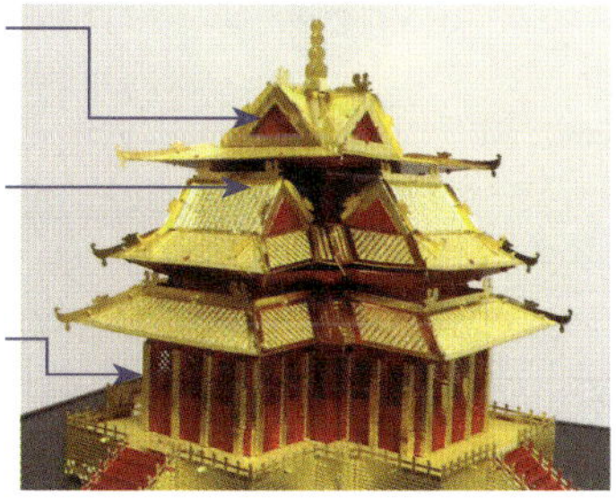

（d）多种材料制作的故宫角楼模型

（e）材料的综合运用

图1-16 制作建筑模型所需的部分材料

要灯光的分布位置和照射方向，并能根据建筑周边不同的景观选择不同的灯光（图1-17）。

2. 切割

精准的切割能够帮助获得贴合无缝的建筑模型零部件。应根据材料厚度和质地选择合适的切割工具，为了避免材料出现断裂和裁切不平等情况，可以提前在建筑模型材料上绘制出切割参考线，也可使用单面带背胶的PVC板，直接将按比例打印的图纸粘贴在PVC板上，按照图纸线条精准切割。切割时应逐渐加快切割速度，并做好安全防护工作（图1-18）。

3. 电子设备

建筑模型制作常用的电子设备包括LED显示屏、小型灯具、开关、电动机等（图1-19～图1-21）。利用这些电子设备实现功能性的智能控制，赋予建筑模型美轮美奂的视觉效果。

使用电子设备时要注意用电安全，要在规定的环境内安装电子设备。电子设备不能在潮湿、高温环境下使用。建筑模型材料必须时刻保持干燥状态，制作模型也必须在干燥、通风环境中进行。因为潮湿会破坏电子设备的绝缘层，导致电子设备表面的防护层迅速老化，从而降低电子设备的耐用性（图1-22）。

图1-17　建筑模型对灯光的合理运用

图1-18　精准切割后拼接的局部建筑模型

图1-17：住宅区域内的水景或建筑建议选择暖色灯光，建筑周边的绿色植物则可选择冷色灯光，彼此间相互映衬。注意所选择的灯光要具备丰富性和层次感，要能很好地烘托出该建筑模型的环境氛围。

图1-18：根据设计图纸切割好建筑模型的零部件后还要对其进行打磨。控制打磨尺度，不可过度打磨。

图1-19　大型LED显示屏

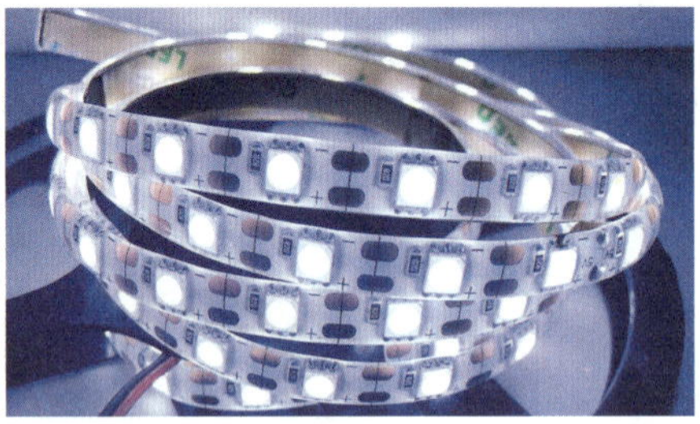

图1-20　模型专用灯带

图1-21　建筑模型中的电动机

图1-19：LED显示屏还需要植入配套软件与图文、视频信息，形成独立且完善的模型拓展媒介。LED显示屏主要用于建筑模型中的LOGO（标识）部分，也可用于表现电子版本的建筑模型和建筑模型设计说明。

图1-20：LED灯带价格低廉，是现代建筑模型照明的首选，能形成点、线、面、体综合发光；既可赋予建筑模型不同色度、亮度的灯光，又可给予公众不同的视觉感受，还能产生霓虹效果，烘托环境氛围。

图1-21：电动机提供动力，用于模拟流水、风力等辅助配套设施，营造出丰富、真实的视觉效果。

ABS板制作建筑内部构造，用于支撑灯具安装。

从模型穿过的电线汇集后在展台底部汇集、连接。

电源将普通220V交流电转换成12V直流电，为灯具供电。

开关控制器能通过编程控制灯光开关时间与颜色变化。

（a）高层建筑模型内部发光构造制作

（b）模型展台底部设备预连接

图1-22　建筑模型中的电子设备

图1-22（a）：使用电子设备时要避免出现电磁干扰的情况，要合理布置灯具，电路的回流路径要符合设计要求，并避免将其与大功率电机放置于一处。在使用电动机之前应做好通电测试，检验其是否能正常运行，机体运行一段时间后是否出现发烫或卡顿等情况。如果发烫严重，应当立即关闭电动机，并请专业电工检查电动机是否出现故障。

图1-22（b）：安装电子设备时要考虑好散热问题，应对建筑模型的底盘做好基础防火和防锈处理。

1.4　建筑模型设计基础

建筑模型制作前需要进行详细设计，其中包含设计草图绘制、设计图纸及模型雕刻等。已经确定的建筑方案设计提供数据支撑，并为模型制作提供全方位参照。

1.4.1　绘制草图

草图能够简洁地阐述建筑模型的设计思想，它具有比较强的可变性，同时也能赋予建筑模型更多的可能性；草图既能快速记录灵感，同时也能作为后期详细图纸和精细化模型制作的依据（图1-23）。

1.4.2　绘制雕刻图纸

建筑模型的雕刻图纸多使用Auto CAD或其他绘图软件绘制，图纸经过多次审核与确认无误后，便可导入雕刻机进行模型的雕刻（图1-24、图1-25）。

设计草图不能过于草率，应当按比例精准手绘或采用尺规工具进行绘制。

采用机械雕刻机雕刻ABS板，能精细雕刻出建筑造型细节，精细度可达0.1mm。

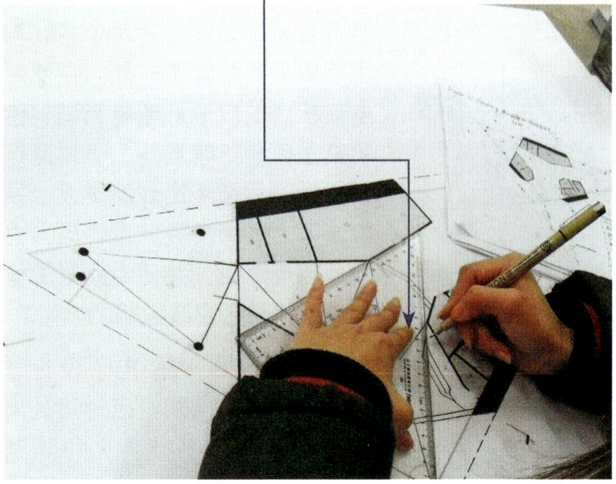

图1-23　建筑模型草图

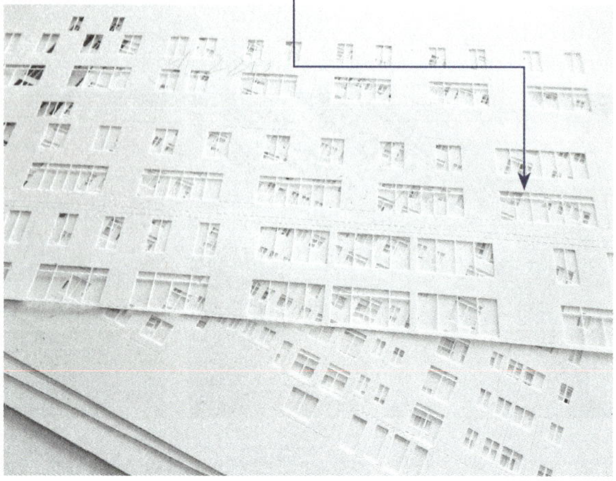

图1-24　根据图纸一次性雕刻出模型构造

图1-23：绘制建筑草图要能够从宏观角度考虑建筑模型的设计思想，确定主体建筑与次要建筑之间的比例关系，明确主体建筑与周边地理环境之间的比例关系和不同规格的次要建筑之间的比例关系等。

图1-24：雕刻图纸的绘制要满足编程的要求，为了给雕刻机的刀具运行提供合理的路径，在绘制时要确保图纸上的图形均能形成一个闭合区域；这样既能减少雕刻机的数据处理量，所雕刻出来的图形也能更完整，准确性也会更高。用Auto CAD软件绘制图纸时，要用不同颜色的图层来区分需要切断的线条和需要在材料表面刻画的线条。

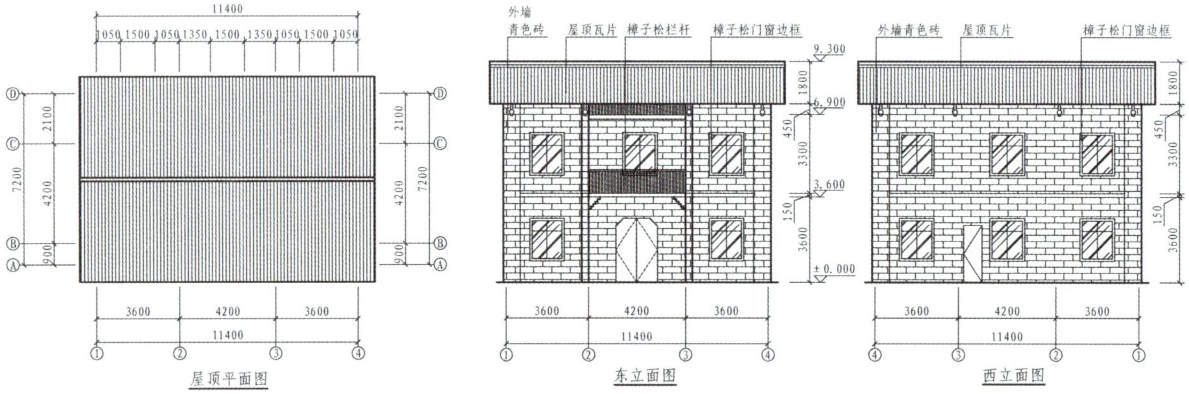

图1-25：建筑模型雕刻图纸要求具备准确性，所绘制的图纸要能够准确反映出模型中各元素的形状、大小以及与周边元素的比例关系。要在规定时间内，完整地将建筑模型的内容表现在图纸上，且图纸上的各元素绘制均需符合标准，尺寸、大小、比例等都没有任何差错。

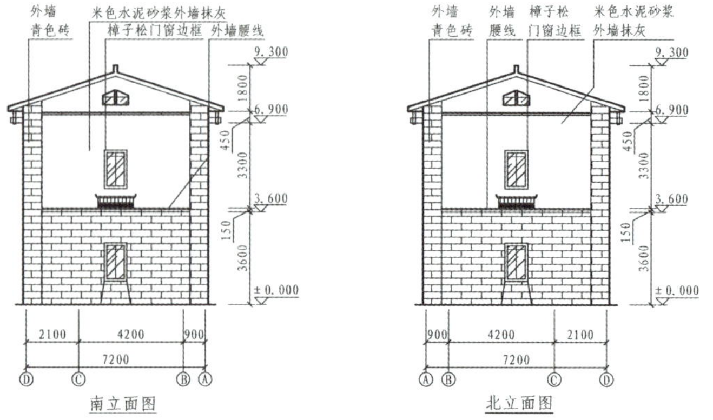

图1-25　雕刻设计图纸

拼装图纸的存在能够提高建筑模型制作的效率，具有比较强的立体效果，且透视关系也比较清晰；可展示出建筑模型材质、色彩、空间结构和空间比例等。

模型结构爆炸图逻辑严谨，每一个拼装步骤都具有比较强的指向性，且建筑模型结构之间的搭接关系也都绘制得十分清晰。

（a）拼装模型与原始结构图　（b）模型结构爆炸图

图1-26　建筑模型拼装图纸

1.4.3　建筑模型拼装图纸

建筑模型拼装图纸分为模型整体图纸和模型拼装步骤图纸，图纸上配有拼装步骤和拼装时应注意的事项，详细说明了不同结构之间应当如何连接，以及连接时可能会使用到的黏结剂等（图1-26）。

1.5　建筑模型制作步骤

建筑模型制作和所有产品一样都需要遵从既定步骤，这种有序且有逻辑的制作步骤能够有效提高建筑模型制作的工作效率。

1.5.1　图纸定稿与放样

图纸定稿是指审核并最终确定建筑模型的设计图纸。这是建筑模型制作的第一步，主要审核内容包括：图纸中建筑结构的尺寸是否正确；建筑的形态是否正确；建筑和周边配景的比例是否正确；建筑与建筑之间的相对位置是否正确；建筑与周边环境的相对位置是否正确等。图纸审核时需要留意不同加工方式造成的材料损耗，要在图纸绘制时预留相应的损耗尺寸，如果无法判断某种加工方式的损耗，则应先进行试验以确定损耗参数（图1-27、图1-28）。

1.5.2　选配材料加工

放样完成即可开始模型制作。首先，需要根据模型设计图纸选择合适的材料，例如建筑结构可以选用ABS板制作，建筑底盘可选用木质材料制作，建筑栏杆可选用金属材料制作等。随后选定加工工具，根据设计图纸裁切材料，将其加工成型（图1-29）。

1.5.3　组装零部件

建筑模型基础组装是使用黏结剂、焊接工具、放样是指根据设计图纸，在材料上放线定位，精准刻画出建筑模型的形体轮廓。

图1-27　板材放样

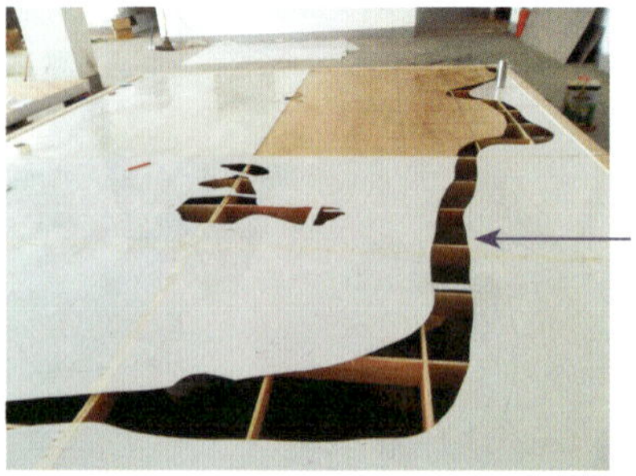

采用曲线切割机对板材进行切割，底部采用木芯板制作井格状骨架支撑。

图1-28　根据放样切割

(a) 初步雕刻

(b) 细节加工

图1-29　选材加工

图1-29(a)：最直接的加工方式就是使用机械雕刻机对ABS板进行雕刻，这种加工方式效率很高。

图1-29(b)：裁切、加工成型时要注意模型零部件凹凸部位的细节处理，并保证加工后零部件的四边平整，触感平滑，表面不会有毛刺，且加工成型的模型零部件形态完整，没有残缺。此外，对雕刻完成的边角毛刺应当进行人工精修，可用砂纸或打磨机、抛光机进行打磨。

榫卯结构等，将模型的各零部件组合在一起，组装模型各零部件时要保证模型边角对齐。一些黏结剂可能与某些模型材料发生化学反应而影响黏合效果，例如502胶会腐蚀KT板，在黏结剂选择时要特别注意（图1-30）。

1.5.4　选择配景饰品

配景饰品能丰富建筑模型，并在有限的空间内烘托建筑模型的环境氛围，使建筑模型更具真实感。常见的配景和修饰品包括路边小树、路灯、水景、汽车、小雕塑、路边长椅等。配景饰品并不是建筑模型的主角，配景饰品的选择并非越逼真、越丰富越好，而是要能够表达建筑与场地、环境的关系，进一步体现建筑和环境的设计理念。

1. 树木

建筑模型中的树木可选用成品绿植树木。这种树木色彩丰富，规格较多，能够满足不同比例模型的需要。在概念模型或推敲模型中，为避免过于鲜艳的颜色干扰设计意图的表达，可使用铜

（a）未裁剪的零部件　　（b）模型零部件打磨　　（c）拼接完成的零部件

图1-30　模型局部组装

图1-30（a）：建筑模型组装之前需要对各零部件进行修整，将模型构件从板块上拆卸下来，擦拭雕刻或切割时的粉末。

图1-30（b）：可利用锉刀、笔刀、模型笔以及打磨砂纸等对其边角区域进行打磨和修饰。其中，笔刀的笔头部位为刀片，有45°角（用于切割模型不需要的边角）和30°角（用于雕刻、切割）两种；模型笔则可用于填补模型零部件的缺口，使模型更完整。

图1-30（c）：建筑模型零部件修整完毕，即可根据设计图纸进行组装。组装之前，应当根据结构形态和功能区域的不同对模型零部件进行分类。

（a）成品绿植　　（b）金属制作的树木　　（c）成品汽车

图1-31　建筑模型配景材料

图1-31（a）：现代建筑模型多采用购置的成品树干，再自行黏合泡沫树粉来制作树木。

图1-31（b）：可以采用金属丝自行制作树木。

图1-31（c）：车辆大多为购置成品件；对于放大比例的建筑模型，还会购置高仿真玩具车模，成本较高，多适用于地产商业建筑模型。

线或其他金属材料缠绕制作独具特色的景观树（图1-31）。

2. 水景

建筑模型中制作水景时多会选用蓝色或无色半透明PC板。这种板材能够营造出比较真实的水面效果，也可利用玻璃胶带和彩贴纸来表现流动的水，部分建筑模型中会使用固体水制作水池，这种材料形成的水景也比较有真实感（图1-32）。

（a）商业模型水面表达

（b）研究模型水面表达（张若诗）

图1-32　建筑模型水景与灯光

图1-32（a）：水面周边的灯光安装在透明板材下部，从侧面发光。透明有机玻璃板的硬度和透光度都非常好，常用于制作大面积静态水池。当水面面积达到1m^{2}以上时，可考虑采用钢化玻璃。

图1-32（b）：透明有机玻璃板下垫褶皱纸，配合光影形成水面效果。

本章小结

建筑模型能够利用立体化和特殊化的形态体现建筑方案的设计特色和建筑产品的造型、结构、功能、空间效果等。通过对建筑模型的分析，设计师能够更深入地理解建筑建造的可行性。建筑模型可应用于较多领域，我们熟知的房地产开发与商品房销售项目、建筑设计工程、城市新建与再建工程、招商合作与投标项目等都会用到建筑模型。

课后练习

1. 简述建筑模型的基本概念。
2. 概念模型与地产模型在制作上有什么区别？
3. 制订建筑模型设计与制作的学习计划。
4. 了解建筑模型的种类及其制作原则。
5. 考察建筑模型企业或商业展示模型。
6. 查阅模型制作流程相关书籍或视频，观察模型是如何制作的，使用的工具有哪些？作业数量：1份。将分析内容总结成文档形式，搭配图片进行展示。建议完成课时：2课时。
7. 韩愈《师说》云：“圣人无常师……术业有专攻，如是而已。”这种劝学思想被毛泽东同志所看重，并给予了很高的评价。学生作为未来的设计师，在设计上有专业性的学习，但往往忽视动手能力的培养。请借助网络、书籍等资料进一步了解建筑模型的制作要点及注意事项。

第2章
模型材料与设备

识读难度：★★★☆☆
重点概念：纸、木材、塑料、金属、玻璃、电子设备、其他辅助材料

章节导读

用于制作建筑模型的材料多种多样，不同材料因其特性不同，加工方式也会有所不同。在制作建筑模型之前，要根据模型用途、使用场景、具体造型等因素选择合适的材料。目前，主要可以通过手工和机械两种方式制作建筑模型。这两种制作方式需要选择不同的材料，所使用的加工设备也会有所不同。但相同的是，模型材料和制作方式的选择都应以表达建筑与环境设计的理念为目标（图2-1）。

图2-1　机械加工制作的建筑模型

图2-1：机械加工制作的建筑模型有很强的表现性，能深入表现建筑模型的细节构造，搭配灯光照明后，具有细腻的表现效果。

2.1　纸材

纸质材料可用于制作中小型建筑模型，是生活中比较常见的材料，主要可通过切、剪、雕、折等方法将建筑模型的具体形态呈现出来。

2.1.1　纸材特点

纸质材料因其外观性能不同，具有不同色度、肌理与厚度等；又因其力学性能不同，而具有不同的耐折力、抗伸张力、抗撕裂力等。纸材易于手工弯折或剪切，能够快速形成建筑空间和形体，且相对便宜、结实，因而常作为设计阶段的推敲研究模型材料（图2-2）。

建筑模型中所运用的纸质材料主要种类见图2-3，具有代表特性。

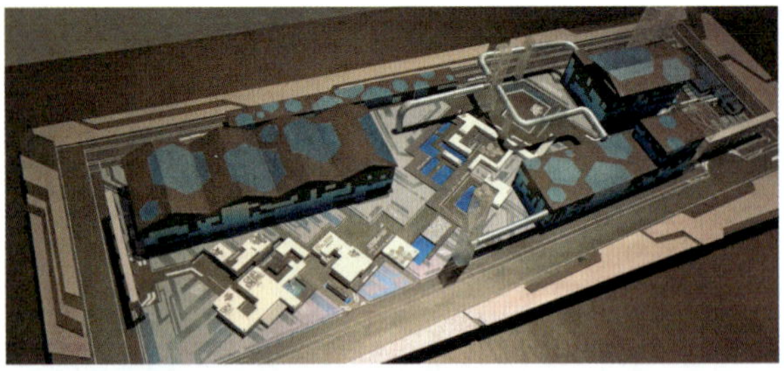

图2-2 以纸质材料为主的建筑模型（何秀峰、程乾）

图2-2：纸质材料的优势在于纹理、色彩非常丰富，厚度小，便于裁切。如果找不到合适的纸质材料，可以通过打印得到各种图案、色彩的纸质材料。

（a）瓦楞纸制作屋顶（周芷媛）

（b）KT板制作模型主体构造

（c）浅色背胶墙砖纸制作外墙

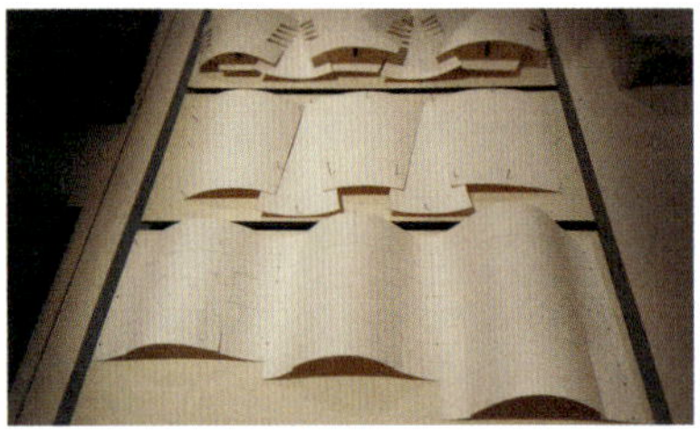

（d）卡纸板制作建筑主体形态
（Renzo Piano Building Workshop）

图2-3（a）：瓦楞纸主要用于屋顶，需要基层板材或厚纸板衬托，不能单独使用。

图2-3（b）：KT板用于建筑主体构造，需要使用其他胶黏剂辅助。

图2-3（c）：建筑外墙板材在切割成型之前，就应当贴好背胶墙砖纸，让镂空造型一气呵成。

图2-3（d）：利用卡纸易于弯折的特性，快速制作出建筑主体形态，表达建筑设计概念。

图2-3 建筑模型配景材料

1. 瓦楞纸

瓦楞纸原材料为瓦楞原纸，可分为单面瓦楞纸和双面瓦楞纸，自带纹理，可上色。

2. KT板

KT板是泡沫塑料板的两面粘贴纸张的板材，它是纸与泡沫塑料板材相结合的材料。

3. 背胶墙砖纸

背胶墙砖纸表面纹理与墙砖类似，但纹理的比例、大小有所不同，是比较专业的模型制作纸质材料。

2.1.2 不同纸材对比

不同的纸质材料有不同的特性，可用于制作建筑模型的不同部位（表2-1）。

表2-1 纸质材料对比一览表

名称	图示	特性	用途
卡纸		表面细腻、光滑，纸质厚度比较平均，耐折度较普通纸张好，可以轻易造型	用于制作扶梯、栏杆、阳台、基础骨架等部分，或制作家具和小型桥梁

续表

名称	图示	特性	用途
瓦楞纸		硬度和坚挺度较好，耐压性、耐破损性和延展性都相当不错	用于制作屋顶部分
激光纸		具有银白色的光泽，表面色彩艳丽但不刺眼，能产生比较好的视觉效果	用于制作外墙装饰部分
花纹纸		表面纹理丰富，能形成比较好的浮雕效果	用于制作道路、墙面、绿地及花圃等部分
渐变色纸		表面色彩变化具有一定的秩序性与调和性	用于制作墙面、地坪等区域的装饰部分，也可单独作为背景存在
刚古纸		具有比较强的韧性，质地坚硬，表面顺滑但不会反光；既可自由卷曲，也可自由裁剪和粘接，弹性和干燥性比较好	用于制作外墙部分
KT板		结合了泡沫与纸的优良性能，质地比较坚硬	用于制作外墙部分和内隔墙装饰部分
背胶墙砖纸		表面纹理丰富，有瓦纹、石材纹等，能营造出真实的视觉效果，装饰效果较好	用于制作墙面装饰部分
植绒纸		表面色泽艳丽，质地柔软；可自由裁剪和粘接，弹性也十分不错	用于制作球场、草坪、地毯及绿地等部分
砂纸		表面磨砂感比较强，色彩也比较丰富	用于制作沙滩、道路等部分，也可在砂纸表面刻字，用于建筑模型底盘的装饰部分
罗莎纸		具有比较好的韧性和透气性，表面比较光滑，色彩比较丰富	用于制作外墙装饰部分
彩砂纸		不会轻易被水打湿，表面色彩丰富，且不会轻易起毛，纸张的强度也比较好	用于表现混凝土墙面，真实性比较强

续表

名称	图示	特性	用途
棉纸		色彩丰富，纸张质地柔软，表面有细微的凹凸感，触感和装饰效果较好	用于表现纤维特色，能营造比较好的建筑氛围
吹塑纸		质地较软，价格不高，加工也比较方便；表面色彩比较丰富	用于模型的构思阶段，所制作的模型比较粗糙

2.2 木材

木质材料多用于制作木质建筑模型或建筑模型的底盘，不仅加工方便，价格也相对便宜，且木质材料纹理也能为建筑模型带来不错的装饰效果（图2-4）。

2.2.1 木材特点

木质材料是制作建筑模型的基础材料，根据建筑模型体量的变化，所选择的木质材料规格也会有

（a）“幸福·居”模型（李珊珊）

（b）“聚”模型（王婧雯）

（c）建筑的场地处理（Renzo Piano Building Workshop）

（d）空间生成逻辑（周亦晴）

图2-4　木材应用

（a）硬木板应用（周亚飞）　（b）微薄木板应用（刘萌）　（c）细木工板应用（赵爽等）

图2-5　木材应用

图2-5（a）：硬木板厚度较大，经过切割后可以直接用于模型结构制作。

图2-5（b）：微薄木板可以直接用于小体量模型制作，不必以基层板支撑。

图2-5（c）：细木工板裁切比较困难，适用于简单的模型构造塑形，或用于制作大比例节点模型。

所不同。木质材料可到专门售卖木质材料的建材市场小批量批发购入，也可到专业模型商店选购。

不同种类的木质材料规格会有细微差别，有些为板状，有些则为条状。在制作之前，可根据建筑模型的设计图纸对木质材料进行必要的切割。木质材料由于本身结构的原因不具备良好的防火性能，且十分容易受到虫害的影响，因此在制作建筑模型时要对木质材料做必要的防虫、防火处理。

优质木质材料纹理清晰，且质地较轻，加工比较方便，也容易成型，能够轻易着色，可塑性也较强。具有代表性的木质材料主要有以下几种（图2-5）。

1. 硬木板

硬木板是使用木材废料加工而成的热压成型板材，板面宽度较大，加工比较方便，且在硬木板的表面还可以添加不同的贴面板和装饰面板。

2. 微薄木板

微薄木板是一种花纹比较丰富的木质贴面型材料，厚度为0.5~2.0mm。

3. 细木工板

细木工板是一种特殊的胶合板，具体可分为实心细木工板、空心细木工板、胶拼板芯细木工板、不胶拼板芯细木工板、三层细木工板、五层细木工板等。

2.2.2　不同木质材料对比

不同木质材料的特性及用途，如表2-2所示。

表2-2　木质材料对比一览表

名称	图示	特性	用途
硬木板		表面平整，隔热性和隔声性不错，但硬木板易受潮变形，握钉力相对较差	用于制作模型底座结构部分
软木板		加工便利，无毒，能赋予建筑模型独特的质感	用于制作地形部分，同时也可用于表现模型中多种木材的肌理

续表

名称	图示	特性	用途
轻木板		质地比较细腻，且加工时板面不会轻易断裂，强度和耐水性都十分不错	用于制作需要精细雕刻的部分
微薄木板		表面纹理丰富，板面可上色，且触感平滑，板材厚度也比较均匀，不会有明显虫蛀	用于制作面层处理部分
丝柏木条		表面十分平整，可自由着色	用于制作木质骨架部分
细木工板		表面平整，具有较好的耐磨性和耐水性，板材表面不易开裂，耐热性能好	用于制作底盘平面部分，也可用于制作模型中的地形部分
纤维板		质地比较均匀，板面不会轻易开裂，纵横强度差值较小，容易受潮后翘曲变形	用于制作底盘平面部分
贴面板		耐磨性、耐热性、耐水性都不错，板面触感光滑，且表面色彩丰富	用于制作贴面装饰部分
装饰板材	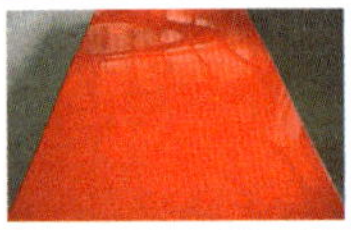	品种较多，可赋予建筑模型金属、塑料、织物、石材、瓷砖等效果，板面坚硬，耐火性、耐热性和耐磨性都很不错	用于制作贴面装饰部分

2.3 塑料

塑料是一种由合成树脂与添加剂组成的高分子化合物。是通过加聚或缩聚反应聚合而成的聚合物。塑料种类繁多，按用途分，可分为普通塑料、工程塑料、特种塑料三类。建筑模型中用普通塑料比较多，如聚苯乙烯（PS）、聚氯乙烯（PVC）、聚甲基丙烯酸甲酯（PMMA，又称作亚克力、有机玻璃），工程塑料因成本高，用得比较少，但在高级模型制作中也有用的，如丙烯腈-丁二烯-苯乙烯共聚物（ABS）、聚碳酸酯（PC）。塑料重量轻，易于加工，而且其强度、韧性、绝缘性，以及制作成本都比较符合制作建筑模型的要求。

2.3.1 塑料特点

建筑模型中所运用的塑料材料主要有以下几种，具有代表特性（图2-6）。

（a）ABS板应用（董子菲）　（b）有机玻璃应用（朱悦越）　（c）PVC棒应用（周亦晴）

图2-6　塑料应用

1. ABS塑料

ABS塑料质地比较细腻，具体可细分为ABS板材、ABS管材和ABS棒材；ABS板材厚度为0.5～5mm，ABS管材孔径为2～10mm，ABS棒材直径为1～15mm。

2. 有机玻璃

有机玻璃与ABS塑料一样，其具体可细分为板材、棒材和管材，板材厚度为0.5～20mm，棒材直径为1～100mm，管材孔径为2～100mm。

2.3.2　不同塑料对比

不同塑料的特性及用途见表2-3。

表2-3　塑料材料对比一览表

名称	图示	特性	用途
ABS塑料		综合性能较好，安全、卫生，抗冲击力、耐磨性、抗化学药品性、染色性、机械加工性能等都不错；但ABS板易燃烧	用于制作单体模型中复杂构件的雕刻，3D打印
PVC塑料		光洁，外观平整，强度高，化学稳定性较好；耐老化性和粘接性不错，PVC发泡板（又称雪弗板）易于手切，切口精致	用于制作墙体、墙面、楼板、水管、地坪装饰和地板等部分，也是很常用的手工切割模型材料
PC塑料		质地比较细腻，化学性能稳定，不仅造价成本较低，染色性、易加工性和耐候性都比较不错；容易老化	用于制作平面水景
聚苯乙烯泡沫塑料		具有比较好的弹性和可收缩性，可塑性和上色性都比较好，可使用电热切割机进行快速切割	用于制作底盘、填充构造内部，也用于在设计推敲研究阶段快速手工制作体块模型

续表

名称	图示	特性	用途
有机玻璃		质地细腻，挺括性、着色性、热塑性、抗拉性、抗冲击性、可加工性等都十分不错；具有较高的透明度，化学稳定性较好，力学强度比较高	透明板用于制作模型外罩，或表现建筑中的窗户等玻璃材质；有色板用于制作模型骨架与玻璃门窗、幕墙、水面等；珠光色、荧光色等有机玻璃可用于制作屋顶、地坪、阳台、装饰雕塑和路面等

2.4 金属材料

金属材料有热加工和冷加工两种加工方式，具有良好的韧性、导热性、导电性、强度和硬度。在制作建筑模型时，需要专业的工具配合，对其进行基础切割。

2.4.1 金属材料特点

建筑模型中所运用的金属材料主要有以下几种，具有代表特性（图2-7）。

1. 铁丝

铁丝是用铁拉制而成的一种具有独特性的金属材料。铁丝根据粗细不同，可以分成不同的类型，且含有不同金属元素的铁丝，其用途也不相同。

2. 金属型材

金属型材主要包括不锈钢型材、镀锌钢型材和合金型材。

2.4.2 不同金属材料对比

不同金属材料的特性及用途见表2-4。

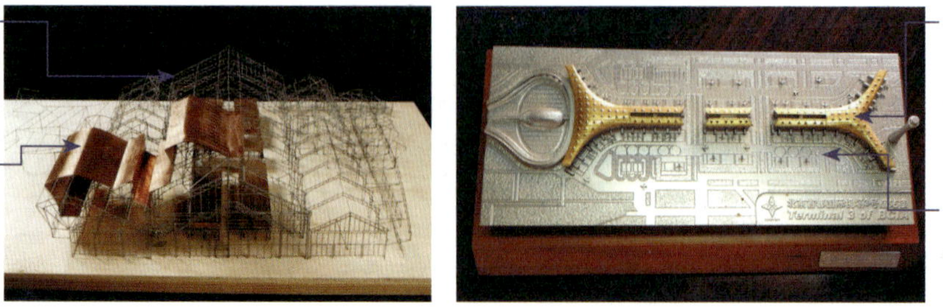

（a）铁丝应用　　（b）合金型材应用

图2-7　金属材料应用

表2-4　　金属材料对比一览表

名称	图示	特性	用途
铁丝	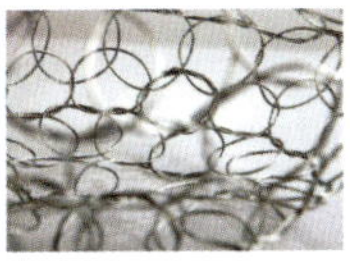	价格比较便宜，可自由造型，加工比较方便	用于制作树木的枝干，也可用于制作栏杆的扶手
不锈钢薄板		有良好的抗腐蚀性，且不会轻易生锈	用于表现材料特色，也可用作贴面装饰
铝板		材质较轻，防水性、防腐蚀性、防污性、耐用性等都十分不错，且加工也比较方便；但铝板抗压能力较差，保温性和隔热性也相对较差	用于制作支撑结构、建筑物表皮、底盘等部分
金属网格		具有较好的抗腐蚀性，加工比较方便	用于制作支撑结构、建筑物表皮、底盘等部分
金属棒	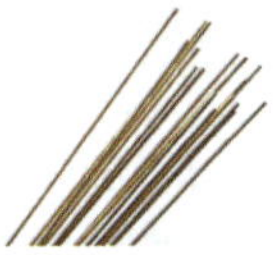	具有比较好的耐腐蚀性和抗压性，但目前用于建筑模型的频率不高	用于制作楼梯扶手，也可用于表现金属质感
不锈钢型材	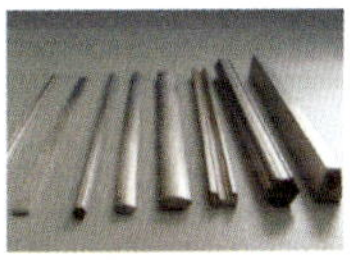	具有良好的抗腐蚀性，机械强度和延伸性也都十分不错	用于制作支撑结构、底盘等部分，或用于制作节点构造细部模型
镀锌钢型材		抗腐蚀性能较好，使用寿命较长，价格比较适中	用于制作支撑结构、底盘等部分，或用于制作节点构造细部模型
合金型材		具有良好的防水性、防污性及防腐蚀性，机械强度和耐用性都很不错	用于制作支撑结构、底盘等部分，或用于制作节点构造细部模型

– 补充要点 –

沙盘

沙盘是根据现有的航空拍摄资料、地形图、实地地形等资料，按照一定的比例，使用草粉、泥沙及其他材料堆制而成的模型。沙盘中承载的制作材料较多，自重较大，多选用金属材料作为底板，如2mm厚的镀锌钢板或不锈钢板。

2.5 玻璃材料

玻璃材料或玻璃自带美感，它所具有的透明性和透光性都能产生比较好的视觉效果，且玻璃自带色彩，能够满足不同的色彩需求。

2.5.1 玻璃材料特点

玻璃并不常用于建筑模型制作，它多用于制作建筑模型的外罩。通常采用厚度为8mm以上的钢化玻璃，对于超大面积的商业展示模型，则会采用弧形钢化玻璃或夹层钢化玻璃。

玻璃的内部分子排列是没有规则的，且在理想的情况下，玻璃的物理性质，如密度、硬度、折射率、热膨胀系数及热导率等在不同方向上是相同的。

玻璃没有固定的熔点，它可以在达到一定的温度后由固体转换为液体或由液体转换为固体，这种特性也赋予了玻璃比较强的可塑性。

2.5.2 玻璃材料应用

石英玻璃系指由二氧化硅（SiO_2）制成的玻璃。石英玻璃的原材料为天然石英，而天然石英的主要成分就是二氧化硅，它具有比较好的抗震性，耐热性、耐温性也十分不错。石英玻璃的热膨胀系数比较低，化学稳定性和绝缘性都较好，它所具备的透光性和光谱透射性都要高于普通的玻璃制品。石英玻璃可塑性较强，可用于制作建筑模型的外罩（图2-8、图2-9）。

不同的材料有其不同的特色，制作模型之前需要对这些材料有充分的了解，并对如何使用该材料制作模型有清晰的了解与认识，建筑模型制作技法见表2-5。

彩色玻璃是在普通玻璃的基础上加入各种金属元素，呈现出不同色彩。

图2-8 彩色石英玻璃

弧形玻璃外罩采用钢化处理，边缘进行倒角处理，强度高。

玻璃长度大多不超过2400mm，若超过则需要用连接件辅助固定。

图2-9 弧形石英玻璃外罩

表2-5 建筑模型制作技法一览

类别	适用对象	基本步骤	备注
聚苯乙烯模型	主要用于建筑构成模型、工作模型和方案模型	画线：一般采用刻写钢板的铁笔作为画线工具。 切割：使用电热切割器，用直角尺确定好电热丝与切割器工作台垂直，然后通电。 粘接、组合：粘接时，常用油性模型胶作胶黏剂，在粘接过程中需要插入大头针辅助定型	在切割体块时，注意保证切割面平整，保持匀速推进

续表

类别	适用对象	基本步骤	备注
纸板模型	薄纸板模型：主要用于工作模型和方案模型	画线：根据平立面图进行画线。 剪裁：将平立面图用胶水喷湿后平裱于薄纸板上，待干燥后再剪裁、折叠、粘接	切割时注意切割力度
	厚纸板模型：主要用于展示类模型	选材：根据制作要求选择不同色彩及肌理的材料。 画线：一般用铁笔或铅笔［铅笔使用硬铅（H或2H）］。 切割、粘接	
木质模型	主要用于古建筑和仿古建筑模型	选材：注意选择木材纹理清晰、疏密一致、色彩相同、厚度规范的板材。 材料拼接：主要有对接法拼接、搭接法拼接和斜面拼接。 画线、切割。 打磨：选用细砂纸，顺纹理打磨；注意依次打磨，不要反复推拉，要打磨平整。 粘接、组合	绘制图形时要注意木质板材纹理的搭配
有机玻璃板及ABS板模型	主要用于展示类建筑模型	选材：有机玻璃板厚度一般选择1～5mm，ABS板一般选择0.5～5mm。 画线：一般选用圆珠笔画线。 切割、打磨、粘接、上色	在选材时注意板材表面的情况，用圆珠笔画线时用酒精擦拭干净板材上的油污，再用旧细砂纸轻微打磨。用游标卡尺测量后，用酒精擦拭干净油污即可画线

2.6　可塑材料

建筑模型制作中的可塑材料主要指黏土、石膏和混凝土，多用于表达建筑及其构件的体块，具有较强的体积感，且可塑造出自由的曲面形态（图2-10）。

2.6.1　可塑材料特点

1. 黏土

黏土的可塑性很强，能够徒手或借助模具进行塑形，便于制作形态不规则，尤其是曲面建筑模型，常作为概念模型或设计推敲模型材料。在干结的过程中，黏土受到重力影响可能会变形，干结后形态相对稳固。

2. 混凝土

用混凝土材料制作建筑模型是将水泥和细沙混合后，在预先制作好的反模中进行浇筑，固化后形成的建筑模型具有天然的混凝土材质肌理和较强的雕塑感，具有很强的表现力，也能够制作出异形的建筑形体。

（a）黏土应用（周亦晴、李晨钰）

（b）混凝土应用（杨骐）

图2-10 可塑材料应用

图2-10（a）：在概念设计阶段，利用黏土材料的可塑性，快速便捷地制作室外曲面景观模型。

图2-10（b）：利用混凝土浇筑概念模型，具有厚重、粗粝的体积感。

2.6.2 不同可塑材料对比

不同可塑材料的特性及用途见表2-6。

表2-6 可塑材料对比一览表

名称	图示	特性	用途
黏土		易于塑形，便于操作，密度较轻，色彩丰富	用于制作概念模型或设计推敲研究的体块模型，可制作异形建筑体块
混凝土		天然的混凝土材质肌理，耐久性好，密度大，在应用时需先制作反模	用于制作表现体积感和雕塑感的概念模型或展示模型，作为楼板、墙体的主要材料

2.7 电子设备材料

电子设备材料能够更好地丰富建筑模型，同时也能增强最终呈现的视觉效果。

2.7.1 发光二极管

灯光照明设备能够增强建筑模型的视觉美感，灯光色彩不同，所营造出的氛围和视觉效果也不同；而且不同色彩的灯光经过反射或折射后可形成特殊的凹凸效果，能使建筑模型更具真实感（图2-11）。

发光二极管即LED灯。该设备灯光色彩丰富，使用寿命较长，安全性较高，抗震性也较好。建筑模型照明根据模型类型和展示要求，分为自发光照

（a）局部点缀灯光

（b）建筑自发光

图2-11 建筑模型照明

图2-11（a）：当建筑模型自身构造简单，且照明单一时，可以从外部投射灯光到模型上，强化建筑模型的结构展示。

图2-11（b）：投射光可使建筑模型上的透视光孔呈现出多种形态，如不同且多样的门窗形态、建筑结构形态等。光线通过这些形态时，可呈现形态各异的造型。

（a）微型LED灯

（b）微型LED灯应用

图2-12 LED灯照明

图2-12（a）：LED灯属于环保灯具，它的耐冲击力和抗雷击力较强；其对人体基本没有辐射。

图2-12（b）：微型LED灯常用于建筑模型之中，用于建筑自发光照明与路灯照明等。

明、透射光照明和环境反射照明等，发光体均为LED灯（图2-12）。

2.7.2 LED显示屏

1. LED显示屏简介

（1）概念。LED显示屏由一定数量的LED模块面板组成，是可用于展示文字、视频、图片等信息的电子设备。建筑模型中的LED显示屏多用于展示与该建筑模型相关的信息，如周边交通情况、地理环境信息及相关人文信息等（图2-13）。

（2）内部结构。LED显示屏的内部结构主要包括显示模块、控制系统、电源系统。显示模块主要是利用LED灯的点阵结构来使显示屏发光；控制系统是利用调控空间内显示屏的亮、灭情况来实现显示内容的转换；电源系统则是通过控制电流，使其能够满足显示屏的各种需要。

（3）特性。LED显示屏具有比较长的使用寿命，亮度相对来说也比较高，工作时的性能也比较稳定；还可以根据不同的背景、环境，设定不同的亮度，可大幅提高显示屏上展示内容的视觉美感，也能使播放效果更好。

2. LED显示屏制作

在制作LED显示屏之前，应当充分了解显示屏的具体组成结构，通常包括单元板、电源、电源线、控制卡、边框、拐角、角铝、螺丝、铜柱、螺帽等。LED显示屏电源连接、LED显示屏的组装如图2-14、图2-15所示。

2.7.3 LED遥控灯

在建筑模型制作中还用到LED遥控灯。这种灯

（a）墙面LED显示屏

（b）交互LED灯显示屏

图2-13　建筑模型中的LED显示屏

图2-13（a）：LED显示屏面积更大，可以根据建筑模型的体量进行设计。通常LED显示屏的宽度与建筑模型底盘宽度相当，以辅助展示静态模型所不能表达的动态视频信息。

图2-13（b）：LED显示屏所展示的信息种类包含文字类信息、图片类信息、视频类信息和动画类信息等。这些信息能增强公众与建筑模型之间的互动，公众也能从这些信息中更深入地了解建筑模型背后的设计意图。

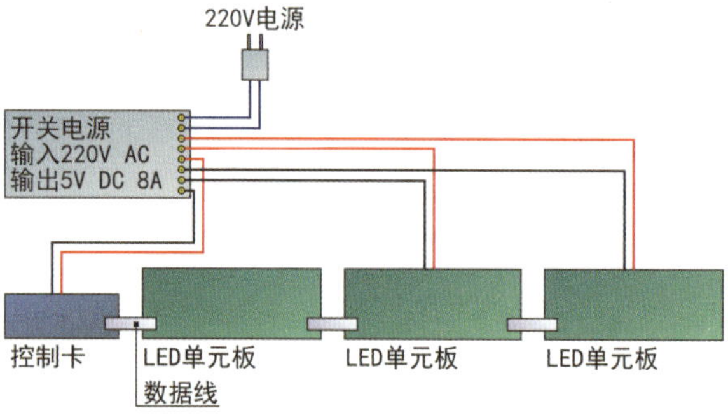

图2-14　LED显示屏电源连接示意图

图2-14：LED显示屏电源输入端（220V）电线接入顺序为：红色（火线或相线）接“L”端子，蓝色（零线或中性线）接“N”端子，安防（地线）接“接地”端子。

具的灯头内安装有无线接收模块，可以自由移动，使用灵活，安装线路也较其他灯具简单。其整体安全性比较高，且该灯具的光源具有不同色彩，亮度也可自行调节，通常遥控距离为8～10m。

2.7.4　开关和电动机

开关和电动机是建筑模型中必不可少的电子设备，适当地了解与之相关的信息对于后期的模型制作会有很大的帮助（图2-16）。

1. 开关

开关是使电路呈现开路或闭路状态的电子元

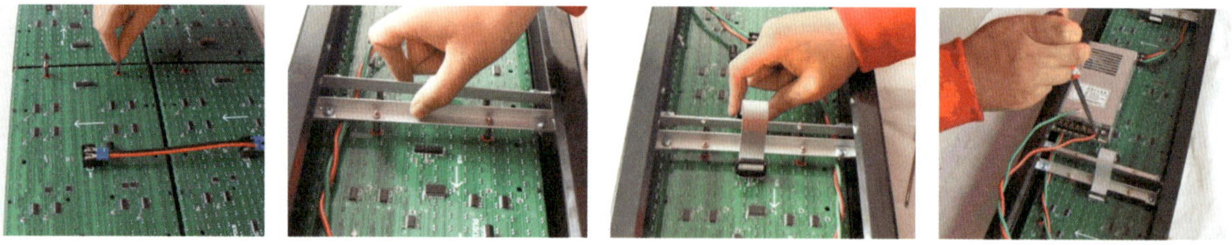

（a）固定显示屏单元板　（b）固定外部支架　（c）连接数据线　（d）连接电源控制器

图2-15　LED显示屏组装

图2-15：在组装时需要注意其顺序，可按上图顺序进行组装，保证LED显示屏的正常运转。

电源是将外部220V交流电输入后，转化为12V左右的直流电，输出给各照明灯具、电动机等用电设备。电源开关在电源的基础上增加了外部接线端头，在分配电源输出的同时，还能控制开关。

按键开关构造简单，体积小，适用于多种建筑模型的灯光控制。

接线头较细，多用于12V直流电控制。

在大多数建筑模型中采用玩具电动机即可；如果动力不足，可以增加电动机数量。

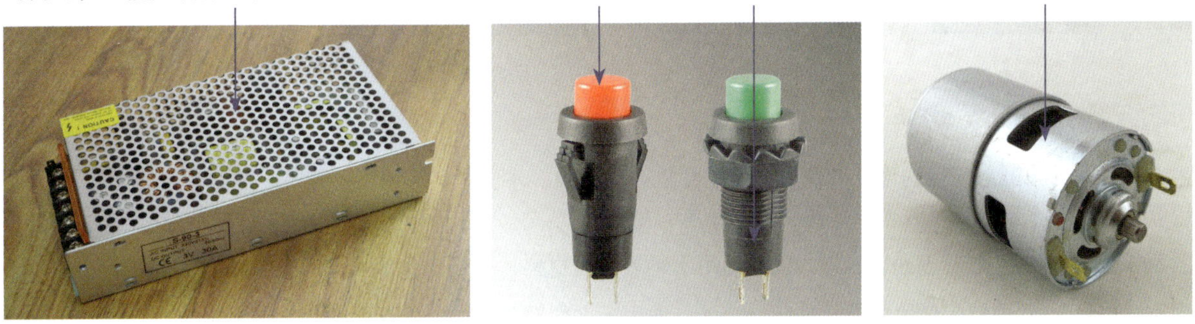

（a）电源控制开关　（b）按键开关　（c）小型电动机

图2-16　建筑模型中的开关和电动机

件。质量较好的开关具有比较长的使用寿命，能耗较少，稳定性和抗冲击能力等都比较强，且一般用于建筑模型中的开关体积都较小，安装便捷，符合建筑模型的总比例要求。

2. 电动机

用于建筑模型中能量驱动的电动机体积通常较小，所使用的电压和电流也较小。电动机的使用可使建筑模型更具魅力。

2.8　其他材料

除了上述所介绍的材料外，还有一些辅助材料。这些辅助材料也能够丰富建筑模型，提升建筑模型价值。此外，在设计的推敲和研究阶段，为了能够更快速、便捷地制作推敲模型，设计师也会发挥自己的创造力，选择各种能够实现模型制作意图的材料，包括可切块制作体块模型的橡皮泥、土豆、萝卜，用于表现建筑膜材质的丝网布，用于控制胶黏剂涂抹的注射器，用于表达拉结关系或制作配景的棉线，等等。选择模型制作材料的过程，也是设计师进行设计创造的过程（图2-17）。

顶棚由丝网布制作，表现轻盈的膜材料。

图2-17　利用多种材料制作模型（Renzo Piano Building Workshop）

（a）502胶

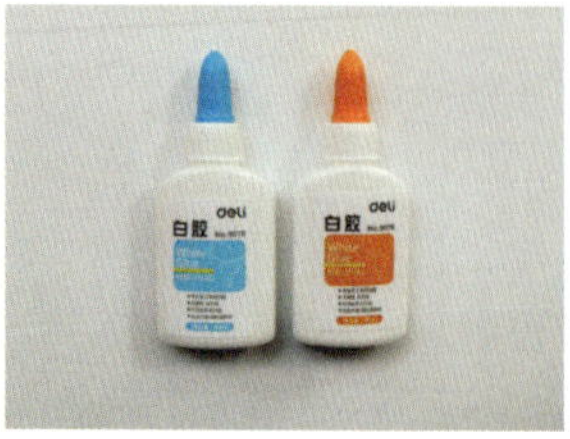

（b）白乳胶

（c）双面胶带

（d）喷胶

图2-18　胶黏材料（黏合剂）

图2-18（a）：502胶干固速度比较快，可用于粘接各类塑料、木质材料及纸质材料等，黏性极强，但会腐蚀KT板等材料，且对皮肤伤害较大，在使用时要注意安全。

图2-18（b）：白乳胶干固速度较慢，比较适用于粘接木质材料、墙纸以及沙盘草坪等。

图2-18（c）：双面胶带使用方便，黏结性较强，适用于平面部分的大面积双面粘接。

图2-18（d）：喷胶适用于纸质材料、贴面板及软木等与毛毡之间的粘接，黏性比较适中。

2.8.1　胶黏剂

在制作建筑模型时用到的胶黏材料主要包括502胶、白乳胶、双面胶带、喷胶、热熔胶、模型胶、溶剂胶、AB胶、PVC专用胶、有机玻璃专用胶等（图2-18）。一些胶黏剂具有腐蚀性和刺激性气味，在使用时要注意个人防护。

2.8.2　添景材料

制作建筑模型时会使用到的添景材料见表2-7。

表2-7　添景材料一览表

名称	图示	特点
发泡海绵		粗孔发泡海绵多用于制作建筑模型中的树叶。细孔发泡海绵在加工后，可用于制作建筑模型中的草坪，细孔发泡海绵质地柔软且弹性十足，孔隙和蓬松度根据孔洞的大小而有所不同，可塑性较强，加工成本较低
成品树和树叶		采用塑料制作而成，表面色彩丰富，能赋予建筑模型更多的色彩
草粉		颗粒状草粉质感粗糙，适合制作草地基层；纤维状草粉触感细腻，适合制作草地表层。这类材料自身色彩较多，能够为建筑模型营造出不同的绿化效果
仿真草皮		用于制作建筑模型中的绿地，仿真草皮真实感较强，质感较好，触感舒适，加工和安装都比较简单
石头颗粒材料		制作建筑模型中的石头路面，多数是用真实石头颗粒材料，也有用塑料粒料，路面若色彩较多，还可以用塑料颗粒状的色母料制作，塑料能赋予建筑模型更多真实感

– 补充要点 –

标准成品材料

1. 基本型材可用于制作建筑模型中的主体部分。这类型材包括圆棒、半圆棒、角棒、各类墙纸、圆管、屋面瓦片等。

2. 成品型材可用于制作建筑模型中的环境部分，也可用于建筑模型部分内部区域的制作。这类型材主要包括家具模型、厨具模型、卫生洁具模型、围栏模型、标志模型、汽车模型、路灯模型、人物模型等。

所有材料的比例和尺度都应当统一，且能与建筑模型整体相协调，材料质感、色彩等也要与建筑模型搭配。

2.8.3 装饰材料

制作建筑模型时会用到的装饰材料见表2-8。

表2-8　　装饰材料一览表

名称	图示	特点
汽车用贴膜		具有比较好的透光效果，且能部分反光，因此多和透明玻璃配合来模拟玻璃的效果。这种贴膜具有多种色彩，加工简单，使用比较灵活
即时贴		色彩绚丽，价格较低，裁剪方便。虽然这种即时贴单、双面都有黏结剂，但粘接耐久度不够强。常用的即时贴宽度多为450mm、800mm和1200mm。即时贴的长度不限，可用于制作建筑模型中的道路、道路分界线、水面、绿化和建筑构造的细节等，也可用于模拟磨砂玻璃
窗贴		具有丰富的色彩，无论是品种还是规格，都十分丰富，价格低廉，裁剪十分方便。磨砂程度和磨砂花纹不同，窗贴的品种也有不同，制作建筑模型的窗户时，可根据需要选择窗贴
专用模型墙、地贴		用于建筑模型中的室内装饰部分。这类材料品种、规格和表面纹理等都十分丰富，且裁剪也比较方便

2.8.4 染料、涂料、腻子

在建筑模型制作中，还会用到各类染料、涂料和腻子。

1. 染料

染料能够使纤维具有一定的色泽，且能增强纤维的牢度（也称染色坚牢度）。染料根据其性质和加工方法的不同，可细分为直接染料、还原染料、

（a）腻子调配

（b）建筑外部结构

（c）模型涂装完毕

图2-19 用涂料涂刷后的建筑模型（郭英杰）

图2-19：在板材表面涂刷彩色乳胶漆，可用于具有复古效果的展示模型。涂刷实施时，可以采用刷涂和喷涂交替进行：先刷涂，覆盖大面积，再喷涂、填补细微边角；最后，采用砂纸打磨后，再刷涂一遍，通过涂料将基层材料中的细微凹坑填补平整。

活性染料及氧化染料等。在制作建筑模型时，多使用直接染料为草地、花卉等绿化植物染色。这种染料操作简单，色彩丰富，价格也比较低廉。

2. 涂料

建筑模型中的涂料可起到保护和修饰建筑模型的作用。涂料品种繁多，色彩丰富，使用方法也较多；使用时，可根据涂抹面积的不同，选择不同的涂刷方式（图2-19）。

3. 腻子

腻子多用于修补建筑模型外表面，主要分为自调腻子和成品腻子。其中，自调腻子又可分为水性腻子和油性腻子。通常水性腻子干燥速度较快，但修补强度较低；油性腻子干燥速度较慢，但具有比较强的附着力，且在干燥后有比较强的修补能力。

本章小结

选择合适的材料是成功制作优质建筑模型的第一步。材料不仅影响建筑模型的稳定性，同时对整体模型所要营造的视觉效果也会产生一定的影响；材料不同，其特性也会有所不同，采用的加工方法也有所不同；其在建筑模型中所起的作用、所充当的角色也会有所不同。设计师应从宏观和微观上深入了解模型材料，并将其特性熟记于心，灵活运用，这样才能设计并创造出更具创意、更富色彩和艺术美感的建筑模型。

课后练习

1. 列举建筑模型材料的种类。
2. 分析纸材、木材、塑料的种类与各自优势。
3. 分析胶黏剂的种类与其适用对象。
4. 根据实际情况熟悉各种用于模型制作的器械设备。
5. 考察附近建筑模型材料商店或淘宝网店，识别各种模型材料。
6. 对照模型设计图纸列出材料采购清单，标明材料名称、规格、数量与价格。作业数量：将分析进行整合，并绘制表格。建议完成课时：4课时。
7. 如今材料呈现多样化发展趋势，与我国国民经济建设以及人民生活质量提高息息相关。请结合本章内容，对模型制作所用到的材料与设备进行分析。

第3章

建筑模型制作工具

识读难度：★★☆☆☆

重点概念：测量工具、裁切工具、喷涂工具、造型工具、机械设备、辅助制作工具

章节导读

建筑模型结构复杂，其制作工具也必须符合要求，设计师应学会熟练运用制作工具。本章主要介绍建筑模型制作必备的测量工具、裁切工具、造型工具、喷涂工具、机械设备和相应的辅助制作工具等，并系统、细致地讲解建筑模型制作工具的使用方法（图3-1）。

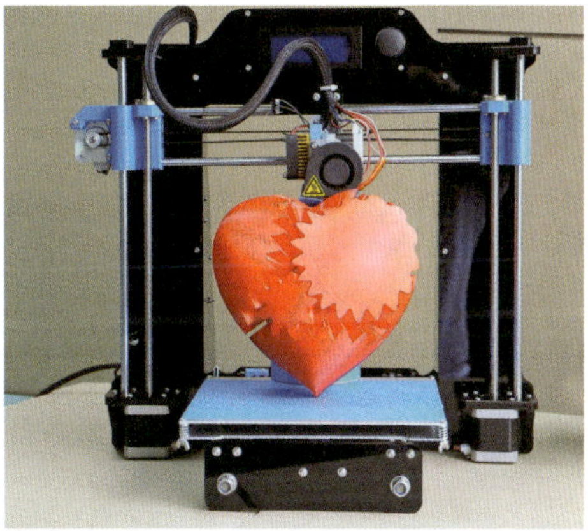

图3-1：目前3D打印机价格越来越便宜，普通产品价格甚至低至3000多元，具有较高的性价比，已成为现代建筑模型制作的重要工具。

图3-1　3D打印机

3.1　测量工具

测量工具主要是为建筑模型提供基础尺寸测量，为后续裁切工作提供数据支撑。

3.1.1　不同用途的测量工具

建筑模型制作常用的测量工具包括直尺、角度尺、高度尺、游标卡尺、比例尺、卷尺、蛇尺、内外卡钳、电子测距仪等工具。

（1）直尺。直尺在建筑模型制作中主要用于绘制平直的基础参考线，常见的直尺有不锈钢直尺和有机玻璃直尺。

（2）角度尺。角度尺根据角度的不同，可分为90°角尺和万能角度尺两种。其中，90°角尺又被称为直角尺，在建筑模型制作中主要用于检查建

筑模型是否垂直，或在建筑模型材料表面进行基础的加工画线工作。万能角度尺具有多种角度，使用比较方便，能多角度进行画线工作。

（3）高度尺。高度尺全名高度游标尺，它既可用于测量工件的高度，同时也可测量工件的形状和工件的位置公差尺寸。在建筑模型制作中，高度尺多用于测量高度。

（4）游标卡尺。游标卡尺可用于测量物体的长度、内径、外径、深度等，它由主尺和游标组成，主尺单位为mm；游标则有10分度（9mm）、20分度（19mm）、50分度（49mm）等不同规格。

（5）比例尺。常用比例尺为三棱比例尺，比例尺既可用于画线，也可用于检测建筑模型比例是否合理。

（6）卷尺。常见卷尺多为钢卷尺，它可以自由伸缩，规格有5m、10m、15m、20m等，可用于测量面积或长度较大的材料。

（7）蛇尺。蛇尺又被称为自由曲线尺和蛇形尺，它可以绘制弧线、曲线等非圆自由曲线。在建筑模型制作中，可用于绘制建筑物、水池、道路等不规则曲线形态的参考线。

（8）内外卡钳。内外卡钳多为不锈钢材质，主要用于测量建筑模型圆弧结构的直径。

（9）电子测距仪。电子测距仪多用于测量实地距离，所测量的尺寸可作为后期图纸缩样的参考数据，其成本较高。

3.1.2　测量工具特点对比

测量工具的特点见表3-1。

表3-1　　测量工具一览表

类别	图示	特点
直尺		使用概率较高，直尺多是在用美工刀、手术刀等小型裁切工具切断材料时起到类似“导规”作用；为了避免损坏，多会使用不锈钢直尺，它具有耐磨、耐腐蚀以及耐划等优良性能，且价格适中，携带方便
角度尺	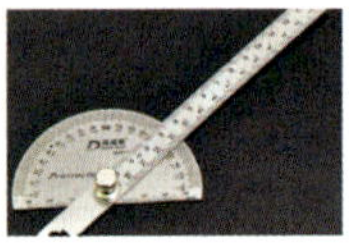	在用美工刀、手术刀等小型裁切工具切断材料时起到类似“导规”作用，多使用不锈钢材质，使用时要保证角度尺和模型材料贴合紧密
高度尺		用于测量建筑模型各零部件的高度，将测量后的尺寸与设计尺寸相对照，以此来检验模型制作的准确性；高度尺也可用于在模型材料纵向轴上绘制参考线
游标卡尺		游标卡尺可用于测量材料内外径、厚度尺寸，用于检测所选管件尺寸是否与建筑模型设计尺寸相符合
比例尺	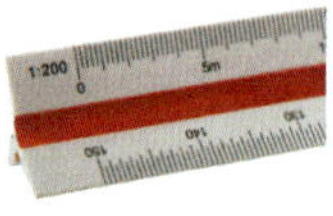	用来换算图纸的比例，能够使建筑模型各部件之间的比例关系更严谨合理，增强建筑模型的制作可行性
卷尺		使用方便，易携带。它具有两种测量数字：一侧单位为英寸（in），另一侧单位为毫米（mm），使用时要将卷尺与材料表面贴紧

续表

类别	图示	特点
蛇尺		由软橡胶材料混合柔性金属芯条制作而成，具有较高的可曲度，有双面尺身；可以根据需要弯曲成各种弧线造型，适合绘制山川、河流及四通八达的交通路段等参考线，但测量时会存在一定的误差
内外卡钳	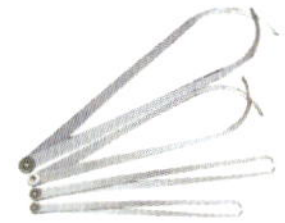	用于测量建筑模型各构件的凹槽尺寸，使用时要与建筑构件贴合紧密；可轻敲卡钳外侧，调整卡钳开口大小；但不可敲击卡钳的尖端处，这会影响最终测量结果的准确性
电子测距仪		用于实地测量建筑的内外空间和大型材料尺寸，体积较小，使用方便；所得测量数据精准，误差小

– 补充要点 –

曲线板

曲线板又称为云形尺，是一种内外边缘均为曲线的薄板，多由胶木、木板或塑料制作而成，主要用于绘制曲率半径尺寸不同的非圆自由曲线（图3-2）。

图3-2：曲线板可用于绘制曲率半径不同的非圆自由曲线图案。它具有一定的固定性和可塑性，需注意曲线板没有标示刻度，因而不可用于曲线长度的测量。

图3-2　曲线板

3.2　裁切工具

在建筑模型制作过程中，可使用裁切工具切割出符合设计图纸的模型分部工件，切割时要确保模型材料边角完整。

3.2.1　切削工具和锯切工具

建筑模型制作常用的裁切工具主要分为切削工具和锯切工具，使用时要注意手部安全。

1. 切削工具

切削工具可细分为勾刀、手术刀、美工刀、剪刀、刀片等。

（1）勾刀。勾刀的刀片可自由更换，刀头带勾，用于勾割1~3mm厚的塑料板材时，需钢板尺配合作辅助；勾割厚度在3mm以上的塑料板材时，需要对塑料板材进行双面勾割。

（2）手术刀。用于裁切建筑模型材料的手术刀主要分为圆刀、尖刀、斜口刀，手术刀的刀锋比较尖锐，刀口宽度很小，适合切割对精度要求高、较薄的材料。为了避免手部划伤，在使用时严禁用手部直接触摸刀口，切割材料时应当沿刀口方向呈45°角切割。

（3）美工刀。美工刀又称为墙纸刀，是比较常用的裁切工具，它的刀片可自由收缩，使用比较方便，价格比较便宜，可配合直尺裁切建筑模型材料（图3-3）。

（4）剪刀。多为高碳钢材质，主要由活动刀锋和静止刀锋构成，剪刀刀口形状不一，使用比较方便，裁剪材料时也比较省力。在使用剪刀裁剪建筑模型材料时，要事先在材料表面绘制好裁剪参考线，注意预留出合适的裁剪损耗空间。

（5）刀片。有单面和双面之分，主要制作材料为钢，刀片分类较多，如齿形刀片、分切刀片、切管刀片、纸箱刀片及异形刀片等。

2. 锯切工具

建筑模型制作常用的锯切工具主要包括电动手锯、手锯、电热丝锯、线锯床等（图3-4）。

（1）电动手锯。可用于锯切绘制比较细致的曲线轮廓，但在使用时要控制好锯切速度，要做好手部防护。通常电动手锯的锯片会比线锯床的锯片粗，使用电动手锯锯切建筑模型材料时，要保证锯片能够与材料表面保持垂直，锯齿应当朝下。

（2）手锯。手锯可细分为板锯、钢锯、木锯、线锯等。板锯可用于锯切板状材料；钢锯可用于锯切金属类材料；木锯可用于锯切木质材料；线锯则多用于锯切曲线轮廓。使用手锯时，要控制好锯片的方向，锯片要能与材料表面保持垂直，收口处和弯曲处锯切时要适当减速。

（3）电热丝锯。主要是通过电热丝通电发热来进行建筑模型材料的锯切工作，锯切材料时要根据材料类型的不同选择合适的锯切温度。

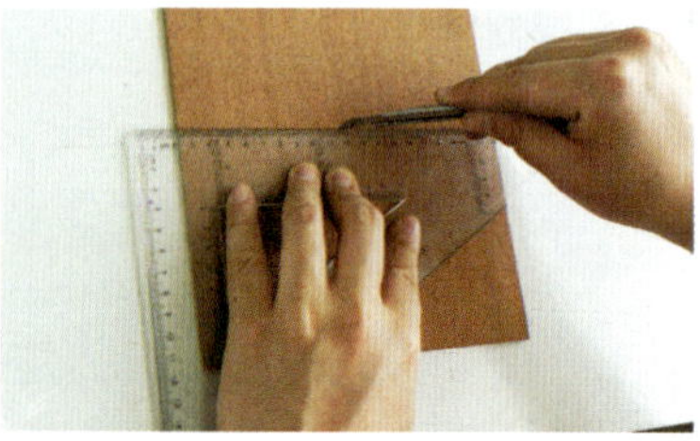

（a）美工刀切割板材

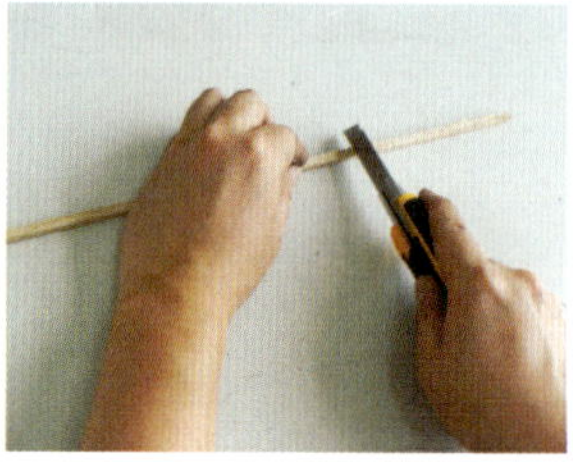

（b）美工刀切割棒材

图3-3 美工刀切割建筑模型材料

图3-3（a）：对于大多数密度较大的硬质板材，采用美工刀切割出凹痕后，可用手掰开，使其断裂。

图3-3（b）：大号美工刀可用于裁切软质木杆或木棒，裁切时应在专用垫板上操作，避免划伤桌面。

（a）板材锯切

（b）锯切完毕的管材

图3-4 建筑模型材料锯切

图3-4（a）：大型车床加工效率特别高，但是一次开机需要进行大量材料锯切，否则并不经济。

图3-4（b）：锯切完毕后的材料截断面是否光洁，主要取决于机械设备的转速是否快，刀片、锯片等耗材是否锋利。

（4）线锯床。具有不同规格的锯片，使用时应当先根据材料选择合适的锯片，并将锯片正确安装在线锯床中。应注意所安装锯片的锯齿要朝下，然后固定住材料，检查无误后即可开启机器。在使用线锯床加工建筑模型材料的过程中，要仔细观察锯片上下摆动的位置，确保其能正常工作。

3.2.2 切削工具和锯切工具特点

不同切削工具和锯切工具的特点见表3-2。

表3-2　　裁切工具特点一览表

名称		图示	特点
切削工具	勾刀	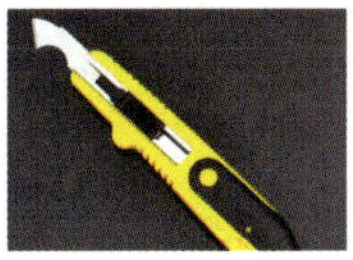	勾刀使用寿命较长，多是作直线勾割，用于手动切割各种规格的塑料板材、有机玻璃等
	手术刀	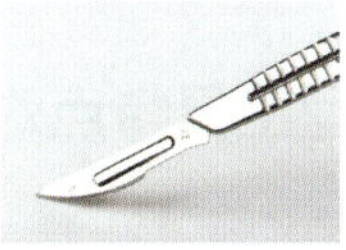	用于切割质地较薄的纸质材料，也可用于建筑模型中门窗材料的切、划；需注意门窗的切、划，可使用斜口手术刀；弧线切、划则可使用圆口手术刀
	美工刀	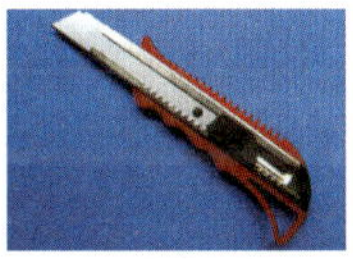	美工刀可用于切割各种泡沫板、纸板、即时贴等材料；使用时不可将刀片推出过长，这样会导致刀片折断，应当以低角度进行材料切割
	剪刀	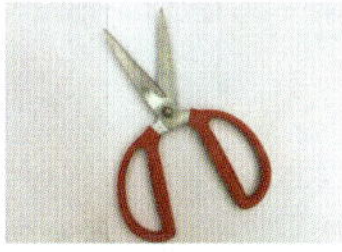	用于裁剪布质材料、纸质材料、薄钢片、绳子、圆管等质地较薄或厚度适中的片状或线状材料
	刀片	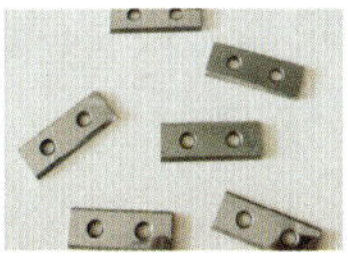	体积较小，使用方便，用于刮除材料边角毛刺；使用时，注意做好手部防护工作
锯切工具	电动手锯		用于锯切质地较厚的金属片和胶片，锯切时要控制好速度。为了避免锯切时出现板材断裂或锯切不平的现象，可以借助垫板、台虎钳等工具将材料固定住
	手锯		用于锯切线材和人造板材，可转换锯片角度，使用时应当控制好锯切速度，以免手部被划伤；可借助垫板、台虎钳等工具，将材料固定住，注意戴好防护手套
	电热丝锯		用于锯切聚苯乙烯泡沫材料，锯切温度可自行调节，锯切效率较高
	线锯床		用于锯切软木材料、薄板材料、金属片、有机玻璃等，多用于锯切材料的曲线部位和弯折部位；由于其转速较快，在转弯锯切时一定要控制好锯切速度和锯切力度

3.3 造型工具

建筑模型的造型千差万别，借助造型工具可以更快捷地获取建筑模型所需的零部件。

3.3.1 造型工具种类

建筑模型制作常用的造型工具主要包括热风机、手虎钳、C形夹、台虎钳、橡胶锤（图3-5）等几种。

（1）热风机。热风机主要是由加热器、鼓风机和加热电路组成，它可以自由调控工作温度和风量。在建筑模型制作过程中，热风机多用于曲折材料。

（2）手虎钳。手虎钳又被称为手拿钳，常用手虎钳的钳口长度主要有25mm、40mm、50mm等，使用方便，可用于金属线材的曲折。使用手虎钳曲折金属线材时，应控制好曲折的力度，以免出现变形。

（3）C形夹。C形夹形似字母C，在建筑模型制作中主要起到固定材料，辅助加工的作用。

3.3.2 造型工具特点对比

不同造型工具的特点见表3-3。

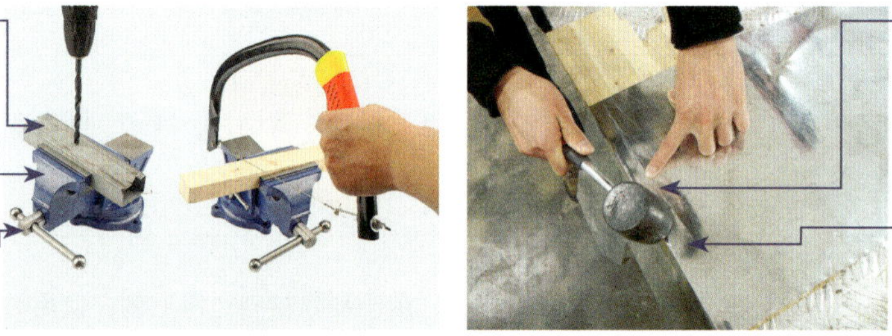

（a）台虎钳　　（b）橡胶锤

图3-5　造型工具运用

表3-3　　造型工具对比一览表

名称	图示	特点
热风机		用于曲折塑料板材和塑料棒材，使用时要远离易燃、易爆等比较危险的产品；由于热风机送出的空气温度较高，使用时要戴防烫伤手套
手虎钳		用于夹持体积较小的材料，适合手持加工造型，主要由定夹壁、动夹臂和螺栓调节压紧结构组合而成
C形夹	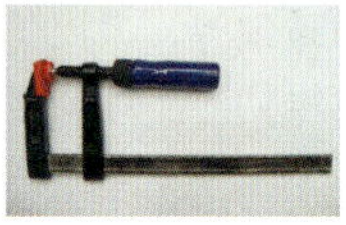	体积较小，使用方便，能有效提高建筑模型的制作效率；同时也能增强模型材料加工时的稳定性

续表

名称	图示	特点
台虎钳		宽度主要有100mm、125mm、150mm等，使用时要提前做好润滑工作，这也是为了提高工作效率
橡胶锤		通过敲击材料以使材料变形，使用方便，价格便宜

3.4 喷涂工具

色彩是表现建筑模型特色的重要元素之一，使用喷涂上色能够轻松进行大面积上色，且能很好地表现出建筑模型的阴影特色，以下主要介绍在制作建筑模型过程中用到的部分喷涂工具。

3.4.1 喷涂要求和注意事项

喷漆的目的在于丰富建筑模型的表面色彩，并保护建筑模型的外部结构。在进行喷涂基础工作时，要选择合适的喷涂工具，并能达到一定的喷涂要求（图3-6）。

1. 喷涂要求

（1）喷涂后漆膜的光泽应当保持均匀一致，且漆膜干固后应当具备光滑的触感；漆膜表面应当无塌陷、裂缝、暗坑和凸起的小颗粒。

（2）建筑模型的边角区域喷涂后应当没有重色现象，模型表面不会出现花色现象；色彩的亮度、纯度等也都比较均衡，漆膜质地也比较薄，整

（a）喷涂材料　（b）喷涂操作

图3-6　建筑模型喷涂

图3-6（a）：自动喷漆使用效率高，价格虽然不便宜，但是能提高工作效率。

图3-6（b）：喷漆距离保持200～300mm，在喷漆过程中均匀移动位置，同一部位喷涂应达到3遍以上；每遍喷涂完全干燥后才能进行下一遍喷涂。

体模型的视觉感较好。

2. 注意事项

（1）喷涂时应当给予建筑模型一定的湿润度，要避免模型表面过于干燥；对于易燃的材料，还需做好相应的防火处理。

（2）喷涂时要注意整理好喷涂顺序，要去除建筑模型表面的污垢后，再进行喷涂；同一面喷涂不同色彩时，可借助胶带将喷涂区域区分开来。

3.4.2 喷涂工具

建筑模型制作常用的喷涂工具主要有毛笔、喷笔、喷枪、气泵等（图3-7）。

1. 毛笔

用于建筑模型涂装的毛笔可细分为圆尖头毛笔和平头毛笔，可根据建筑模型体积的不同选择不同规格的毛笔。使用毛笔时，要仔细查看笔头和刷毛，确保刷毛平齐，不会出现劈线的情况。

2. 喷笔

喷笔多配合气泵使用。利用喷笔使建筑模型表面涂装更具有个性，同时喷笔也能确保喷涂的均匀性，非常有利于展示建筑模型的细节。

3. 喷枪

根据涂料供应方式不同，喷枪可分为重力式喷枪、吸料式喷枪、压力式喷枪。

（1）重力式喷枪。枪壶在喷枪的上方，涂料是由地心引力以及喷嘴处的吸力供应至枪嘴，使用灵活，喷涂效果比较好。但是，枪壶容量过小，不适合大面积喷涂工作。

（2）吸料式喷枪。枪壶在喷枪的下方，涂料是由喷嘴处的吸力供应至枪嘴。这类喷枪与重力式喷枪相反，枪壶容量较大，能够用于大面积的喷涂工作，但这类喷枪喷涂效果一般。

（3）压力式喷枪。枪壶和喷枪各自单独存在，涂料是在枪壶内被加压，而后供应至喷嘴，喷涂范围较大，喷涂效果也较好，但喷枪清洗比较困难。

4. 气泵

气泵主要配合喷笔使用，它也被称为空气压缩机。在进行建筑模型喷涂工作时，要保证喷笔的出气量；使用气泵时，要控制好出气压力和时间，不可长时间工作，否则，可能会造成喷笔出水，气泵烧毁的情况。

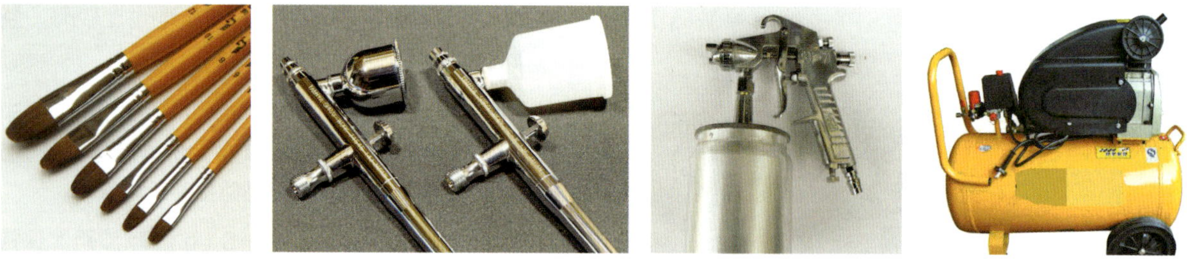

（a）毛笔　（b）喷笔　（c）喷枪　（d）气泵

图3-7　喷涂工具

图3-7（a）：毛笔主要用于修饰喷涂界面的边缘或转角，避免出现喷涂料淤积或流挂等现象。

图3-7（b）：上置色料容器的喷笔适用于形体较小的模型构件喷涂，能够随时更换色彩。

图3-7（c）：下置色料容器的喷枪适用于形体较大的模型构件喷涂，持续喷涂时间长。

图3-7（d）：气泵能为喷笔、喷枪提供源源不断的压缩空气。

3.5 机械设备

机械设备具有较高的工作效率，所包含的种类较多，在建筑模型制作中多用于处理规格较大的材料和部分需要特殊造型的材料（图3-8）。

3.5.1 常用机械设备

建筑模型制作常用的机械设备主要包括激光切割机、铣床、圆锯、雕刻机、喷绘机、3D打印机等。

1. 激光切割机

激光切割机主要用于剪切材料，它的运转由机体自带软件进行控制。在正式使用激光切割机之前，必须调整激光切割机激光束的强度和速度参数，使之能够匹配所选择的建筑模型材料类型及厚度，避免切不透或切割时间过长导致材料燃烧、切口误差过大。此外，激光切割机还能有效缩减建筑模型零部件的制作时间，能够制作出边角圆滑的模型零部件；但激光切割机的维修和保养费用较高。

2. 铣床

铣床主要是通过自带软件获取图形，并以此为参考铣削出建筑模型所需的零部件。在使用铣床之前，要仔细检查机身，确保其能正常运行。在铣削过程中，要及时清除铣削材料后产生的切屑，保持导轨、螺杆和外围装置的洁净，避免切屑卡入铣床导轨中，导致铣床出现卡顿或损坏现象。

3. 角度台锯

角度台锯固定于工作桌上，锯片与自身的工作台之间的角度可以调节。为了更好地切割建筑模型材料，多采用厚度为1.6mm或2mm左右的高速钢锯片。这种锯片能很好地切割薄木板、实木、有机玻璃等材料。

4. 雕刻机

雕刻机可用于加工建筑模型材料，工作效率较高，主要是通过分析设计数据，获取建筑模型所需的图像，并利用钻铣的组合方式将其雕刻出来。常用的计算机雕刻机分为激光雕刻机和机械雕刻机，根据功率大小各有不同用途。通常制作中小型建筑模型使用小功率雕刻机即可，大功率雕刻机主要用于制作大型建筑模型中的浮雕造型（图3-9）。

5. 喷绘机

喷绘机属于打印机系列设备，主要使用腐蚀性比较强的溶剂型墨水进行喷绘，因此打印出来的图

（a）角度台锯

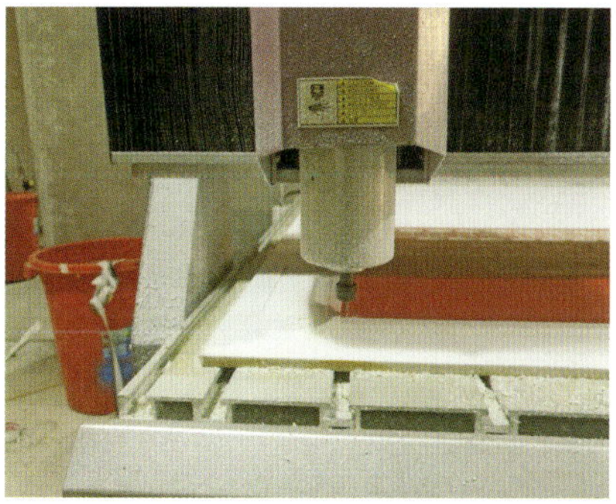

（b）机械雕刻机

图3-8　机械设备与应用

图3-8（a）：角度台锯在建筑模型制作中，主要用于粗壮的金属、木质材料锯切，又称为杆状材料开料机；可通过更换不同锯片来适应不同的型材。

图3-8（b）：机械雕刻机主要用于雕刻2～3mm厚的ABS板、PVC板、有机玻璃板等硬质材料，能加工出复杂、精细的建筑模型墙板，用于后期粘接组装。

图3-9　雕刻机

图3-10　3D打印机制作的模型

图3-9：机械雕刻机价格相对低廉，是当今建筑模型制作的首选，能对大多数塑料、木质板材、金属板材进行加工，但是在材料的雕刻深度与精细度方面，比不上激光雕刻机。

图3-10：3D打印的设计过程是先通过计算机软件建模，再将建成的三维模型"分区"成逐层的截面，即形成切片，从而指导打印机逐层打印。相关设计软件与打印机之间交互文件的格式多为STL格式。STL格式文件使用三角面来近似模拟物体表面，三角面越小，其生成的表面分辨率越高。一台桌面尺寸大小的3D打印机，基本可以满足建筑模型的造型需要。

像固色性比较强。为了增强喷绘机的耐用性，在日常使用过程中一定要定期保养和维护好喷绘机的喷头，且更换墨水时也要小心谨慎，以免被灼伤。

6. 3D打印机

3D打印机是快速成型的工艺设备，建筑模型的3D打印常以聚乳酸（PLA）、光敏树脂（UV树脂）、聚酰胺（尼龙，PA）材料为原料。当3D打印机与计算机连接后，通过计算机控制可以将"打印材料"逐层叠加起来，最终将计算机图形变为实物（图3-10）。

3.5.2　机械设备特点

不同机械设备的特点见表3-4。

表3-4　机械设备特点一览表

名称	图示	特点
激光切割机		工作速度较快，且切割宽度为0.1mm左右，要做好必要的安全和防护措施，可用于剪切厚度为6～8mm的纸张、色纸、纸板、软木、胶合板以及有机玻璃、毛皮等材料；但不适用于剪切金属、聚碳酸酯板（PC板）及玻璃等质地较硬或较脆的材料
铣床	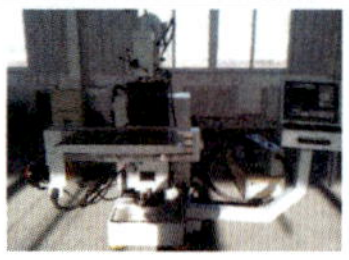	主要用于加工金属材料，但为了加工更便利，需要在加工时使用适量的润滑冷却剂；也可以用于切削实木、聚苯乙烯板（PS板）、聚氯乙烯（PVC板）、胶合板、有机玻璃板（PMMA板）等材料
圆锯		由具有不同类型的锯齿，具有不同切割宽度、直径等参数的圆锯构成，加工速度可自行控制，适用于切割塑料、胶片、木材、有机玻璃、金属等材料

续表

名称	图示	特点
雕刻机		主要用于木工板、密度板、防火板、PVC板、有机玻璃板以及双色板、橡胶板、大理石等材料的雕刻工作
喷绘机	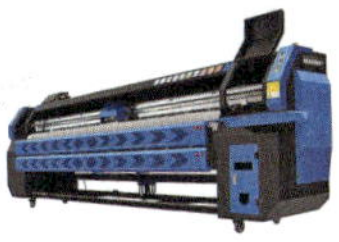	所打印的图像具有防紫外线、防水、防刮伤等特点，喷绘机价格较贵
3D 打印机		使用的打印材料主要有熔融的塑料丝、液态的光敏树脂材料等，所打印的模型不仅质地细腻，结构稳定性也较好

3.6 辅助工具

辅助工具的存在是为了使建筑模型的各零部件形态更为完善，同时也是为了提高模型制作的效率，增强模型连接件之间的紧固性。

3.6.1 刨锉工具

刨削工具可细分为錾凿工具、电刨、刨刀、锉刀。

（1）錾凿工具。具有防锈性能和抗敲击性能，耐用性很强，主要利用人力敲击金属工具刃口，从而达到錾凿材料的目的。使用该工具时，需要控制好敲击力度，并注意手部防护（图3-11）。

图3-11　錾凿工具应用

图3-11：凿刀运用简单，多适用于木质材料、塑料，凿切角度很重要，对于较深的凹槽应当多次凿切，不能急于求成。

（2）电刨。主要是由手柄、开关、刀腔结构、电动机、刨削深度调节机构、插头等构成。要定期检查电刨刀具运行是否正常，使用时要控制好电刨的吃刀量和进刀量，要循序渐进地刨削材料。暂停电刨时应先将电源关闭，待电刨完全停止运转后，方可进行整理（图3-12）。

（3）刨刀。可用于刨削塑料、有机玻璃和木质材料的表面、边沿切口等部位（图3-13）。在使用

图3-12　电刨

图3-13　刨刀

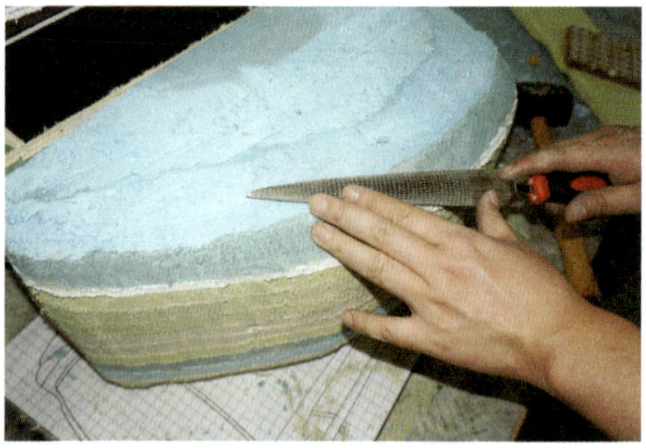

图3-14　锉刀应用

图3-12：电刨的使用效率高，但仅适合大面积加工，不适用凸凹形态加工。

图3-13：刨刀造型简洁，适用性强，能加工木料、塑料等多种材料，便携性好，是建筑模型边角加工的良好工具。

图3-14：锉纹较细的锉刀不适于锉削质地较软的金属，应当使用粗锉刀慢慢锉削软质材料。为了避免手部受到伤害，同时也为了避免锉刀磨损过度，使用锉刀时应控制好锉削速度。

时，应当确保刀架和刀座处于正确的位置，即中间垂直位置。要控制好刨刃伸出的长度，弯头刨刀的伸出长度要大于直头刨刀，直头刨刀的伸出长度要小于刀杆厚度的2倍。如需更换刨刀，则应当一手固定住刨刀，另一手由上而下旋转螺钉，将刨刀自刀架上拆卸下来。

（4）锉刀。主要用于木质材料、皮质材料、有机玻璃、金属材料等表面锉削加工。这类工具的表面分布有细密的锉齿，可以很好地修平和打磨模型材料。锉刀在使用中，多会使用横锉法、直锉法、磨光锉法等加工方式来对模型材料的平面、圆孔、凹凸面、曲面等进行加工（图3-14）。

3.6.2　钻孔工具

钻孔工具可分为手摇钻、手提电钻和台钻等。在建筑模型的制作过程中，可以利用钻孔工具对材料进行钻孔加工，同时钻孔工具也可以作为材料切割的辅助工具（图3-15）。

3.6.3　焊接工具

建筑模型制作常用的焊接工具主要包括电烙铁和电焊机。

（1）电烙铁（图3-16）。主要用于焊接建筑模

（a）电钻电锤一体机

（b）电钻与固定器配合使用

图3-15　钻孔工具应用

图3-15（a）：带电锤功能的手电钻可在混凝土、砖墙等硬质构造上钻孔，用来对建筑模型进行基础安装。

图3-15（b）：电钻与固定器配合使用时，可将电钻安装在操作台上使用，钻孔精度高，能钻孔径更大的孔，如ϕ12mm以上的孔。

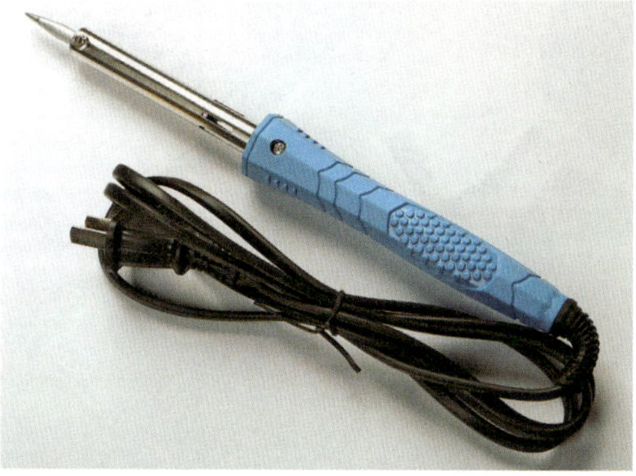

图3-16　电烙铁

图3-17　电焊机

图3-16：电烙铁主要用于建筑模型中的电路焊接，可将电线与各种电子元器件焊接固定；需要配合焊锡膏使用。

图3-17：电焊机主要用于金属构件之间的焊接，如建筑模型的基础展台构件，或金属材料制作的模型等。

型中的电子元器件等，焊接前要做好各零部件接触面的清洁工作，电烙铁表面应当没有碎屑。

（2）电焊机（图3-17）。用于焊接建筑模型中的金属栏杆、电线杆、铁塔等零部件，机体结构比较简单，主要是通过电压变化来获取熔化焊料所需的高压电弧，从而使模型零部件可以紧密连接。

3.6.4　打磨工具

建筑模型制作常用的打磨工具主要包括砂纸、电动打磨机、砂轮机、抛光机等工具。

（1）砂纸。砂纸有不同规格，可根据所研磨物质和用途的不同，将砂纸细分为耐水砂纸、海绵砂纸、干磨砂纸、无尘网砂纸、金刚砂纸、玻璃砂纸等不同品种（图3-18）。

（2）电动打磨机。电动打磨机又称为铿磨机，适用于建筑模型的精加工和基础材料的表面打磨工作，磨削性能比较强，能够快速打磨模型材料（图3-19）。

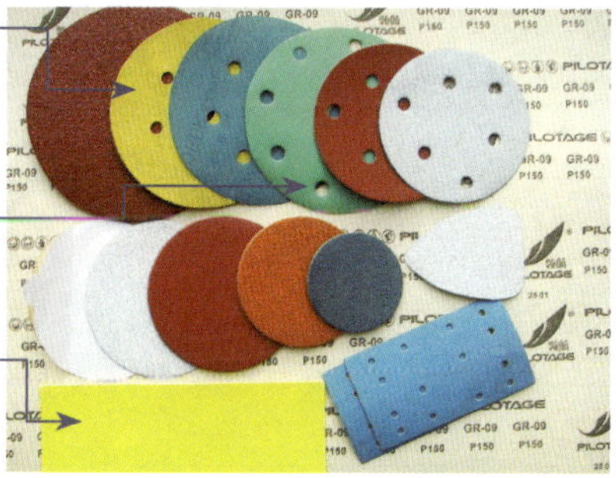

（a）砂纸圆片与方片

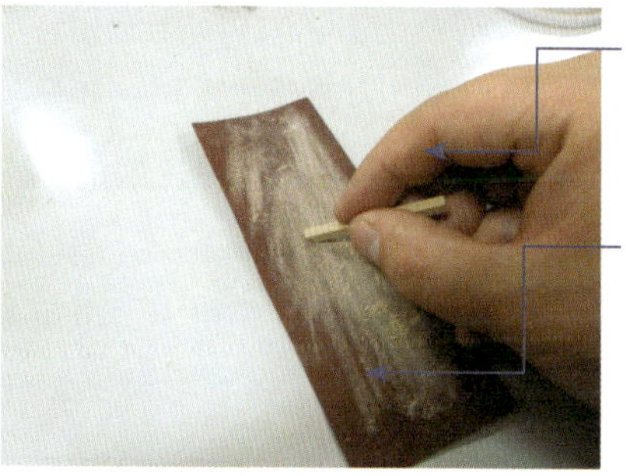

（b）砂纸打磨木料

图3-18　砂纸及其应用

图3-19　电动打磨机应用

图3-20　手动使用砂轮机

图3-19：使用前要仔细检查机体，在使用过程中要逐渐加速，不可用力过猛；速度过快可能会导致打磨片碎裂，一旦机体出现卡顿现象，应当立即关闭电源，检查打磨片是否破损；如有破损，应当立即更换，并清除碎屑。

图3-20：使用前要确定砂轮机旋转方向，控制好磨削力度，戴好防护眼镜；若砂轮机出现卡顿或跳动明显现象，应当立即关闭电源，进行整修。

（3）砂轮机。砂轮机可用于打磨质地较硬的材料，也可用于较小零部件的磨削和表面毛刺清除工作，但不适于磨削紫铜、木头、铅等材料，以免出现砂轮堵塞（图3-20）。

－ 补充要点 －

海绵抛光盘

海绵抛光盘应根据盘面色彩区分功能，主要分为重粗盘、中粗盘、抛光盘（图3-21）。重粗盘多为深红色，质地比较硬，可用于消除材料表面的氧化膜和划痕；中粗盘多为黑色，质地较柔软，比较适用于透明漆膜的抛光和普通漆膜的还原；抛光盘多为黄色或白色，质地不仅柔软且细腻，可用于消除材料表面的划痕，同时也可用于材料表面的抛光工作。海绵抛光盘可粘贴在电动打磨机或砂轮机上，也可以安装在手电钻上，使用方便。

图3-21　海绵抛光盘

3.6.5 接合工具

建筑模型制作常用的接合工具主要包括旋具、钢丝钳、扳手、螺钉等（图3-22）。

（1）旋具。用于紧固或拆卸建筑模型零部件的螺钉或螺栓，使用比较方便，规格和样式也比较多。

（2）钢丝钳。又称为老虎钳，既可用于夹断细钢丝，又可用于紧固或者拆卸建筑模型上的螺钉或螺栓，钳口样式比较多。

（3）扳手。主要用于安装或者拆卸建筑模型上的螺钉或螺栓。其操作简单，价格也比较低，但相应的操作强度较大。

（4）螺钉。螺钉又称为螺丝，可用于建筑模型底盘与电气材料中的金属配件之间的紧固。螺钉旋紧时要使用合适的力度，旋紧后不可用手直接触摸，以免螺钉利口划伤手部。

3.6.6 其他辅助工具

建筑模型制作中常用的其他辅助工具还有很多，可以根据不同模型的构造与材料进行选用，主要包括日常工具和设备，如手套、涂料皿、调漆棒、注射器、口罩、工作台、抽风机等。这些工具同样能够保证更安全、更方便地进行建筑模型各零部件的加工（图3-23）。

（a）不同规格的旋具

（b）不同钳口的钢丝钳

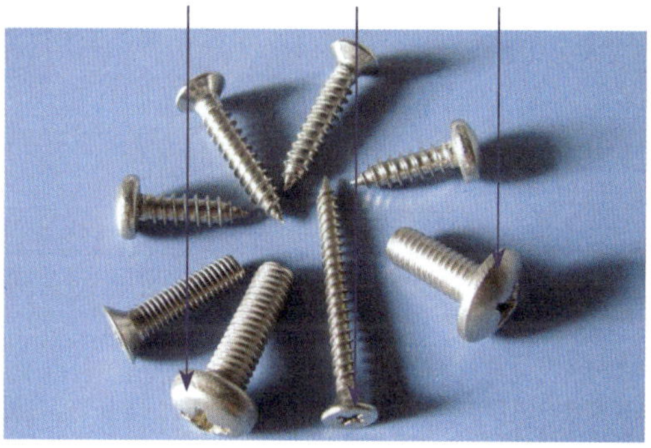

（c）不同规格的螺钉

图3-22 部分接合工具

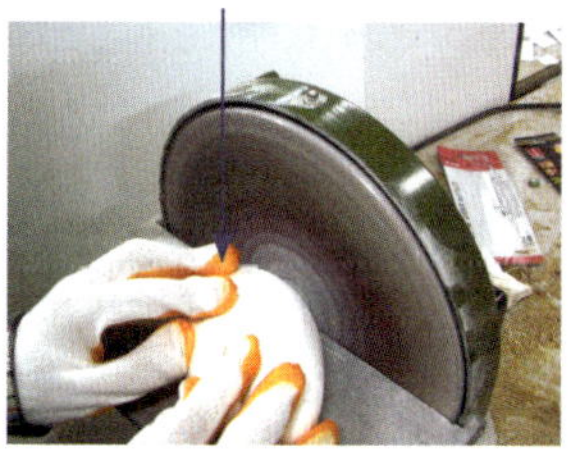

（a）材料打磨

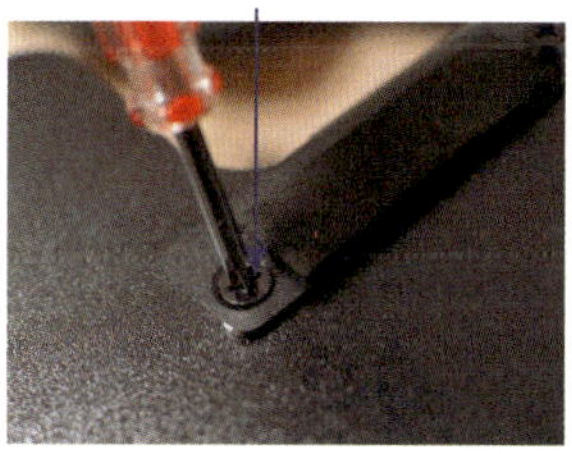

（b）旋具应用

（c）钢丝钳使用

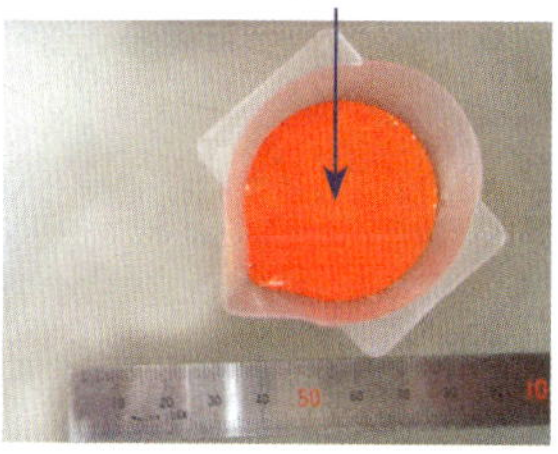

（d）涂料皿应用

图3-23 辅助工具运用

补充要点

无尘网砂纸

无尘网砂纸的适用范围较广，表面呈纱网状，使用无尘网砂纸进行建筑模型材料打磨，可以将研磨材料所产生的有害微粒造成的危害降至最低，且无尘网砂纸具有多种粒度，可以满足不同材料的打磨要求。此外，无尘网砂纸还具有比较长的使用寿命，使用过程中基本不会结块，打磨效率也会比较高（图3-24、图3-25）。

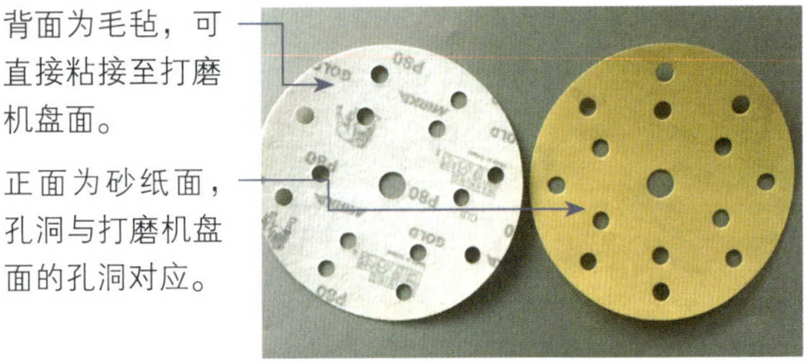

图3-24 无尘网砂纸

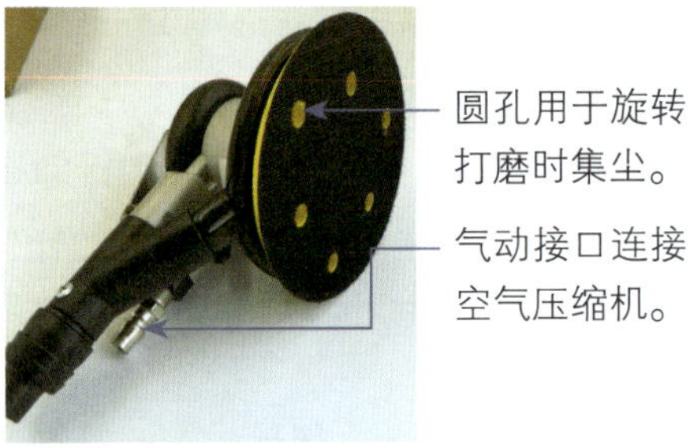

图3-25 气动无尘网砂纸打磨机

本章小结

“工欲善其事，必先利其器。”这句话同样适用于建筑模型的制作。为了制作出结构完整、造型美观、尺寸精准的建筑模型，设计师必须充分了解制作工具的特点、使用技巧和注意事项。本章内容不仅有利于设计师灵活使用这些工具，而且能更好地保证其人身安全，使其更好地制作出展现设计思想的建筑模型。

课后练习

1. 在建筑模型制作过程中，测量工具有哪些？每种工具有什么作用？
2. 简述造型工具的种类与作用。
3. 3D打印机是如何进行运转的？请查阅相关资料并分析。
4. 对建筑模型进行喷涂，其作用有哪些？
5. 自主制作一件小型模型，在制作中，需要使用到哪些工具？
6. 实地考察材料市场，观察除了本章所介绍的制作工具，还有哪些制作工具是我们所需要的。作业数量：将收集的资料整合为PPT，上课进行展示分享。建议完成课时：3课时。
7. 针对本章所介绍的制作工具进行实地考察并分析每种工具的类型与作用。

第4章
基础制作方法

识读难度：★★★☆☆
重点概念：PVC 板、美工刀、裁切、粘贴、着色

章节导读

掌握建筑模型制作技术，应由浅入深、由简到繁，先熟悉最基础的PVC板、纸板、KT板、聚苯乙烯板等廉价材料的加工，灵活搭配各种胶黏剂。严格把控刀具、量具的使用精度，力求高严谨、高精细。让学生用廉价的材质制作出高品质的模型，而获得成就感和工匠精神的培养，以及对建筑模型基础构造的审美能力的提升（图4-1）。

图4-1　手工基础建筑模型制作（吴倩颖）

图4-1：综合利用PVC板、木板、瓦楞纸板、白纸板、玻璃纸以及打印贴纸等基础的建筑模型制作材料，便于手工加工裁切，比较经济，主要适用于在设计阶段推敲建筑空间及形态。

4.1　基础切割方法

对材料进行切割是建筑模型制作的基础制作工艺，手工制作建筑模型多采用聚氯乙烯（PVC）板、聚苯乙烯发泡（KT）板、有机玻璃板等材料。材料不同，切割方法不同。下面介绍手工模型常用材料的切割方法。

4.1.1　PVC板切割

1. 准备工作

PVC板质地均衡，厚度规格多样，切割前要做好准备工作（图4-2）。

不锈钢直尺能避免划伤，不宜采用塑料尺。

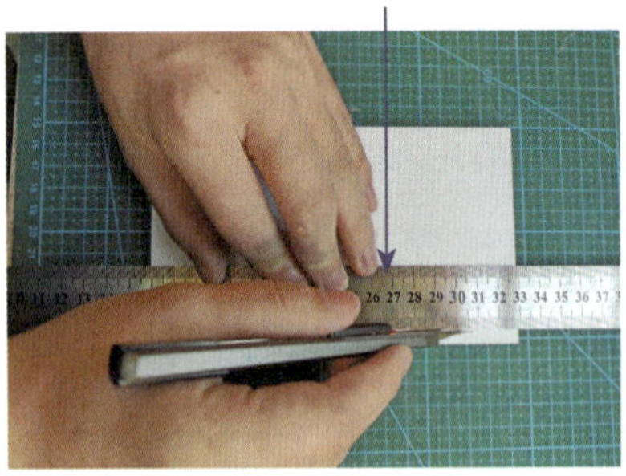

（a）依靠不锈钢尺切割

检查刀片尖角是否锐利。

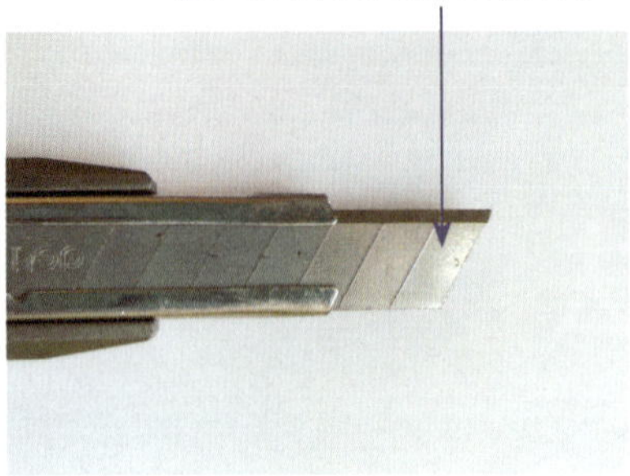

（b）检查美工刀刀片

用钳子夹紧刀片前端掰断能保持刀片尖角处于尖锐状态。

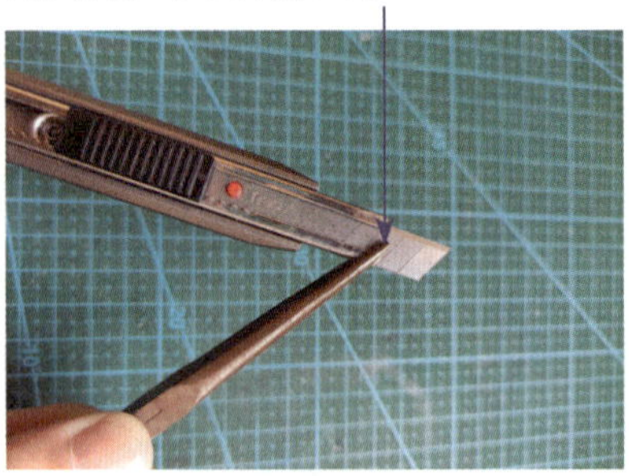

（c）用尖嘴钳掰断刀片磨损端

给直尺安装角度器能保持多角度锁定。

（d）给不锈钢尺加上角度器

贴合板材边缘之前要将板材边缘切割平整。

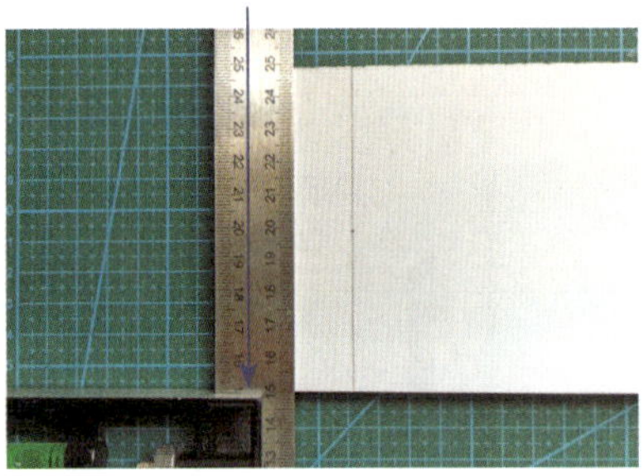

（e）角度器贴合板料边缘

先画线，再切割，可以在板材上、下两个方向多次校正板材边缘的平直度。

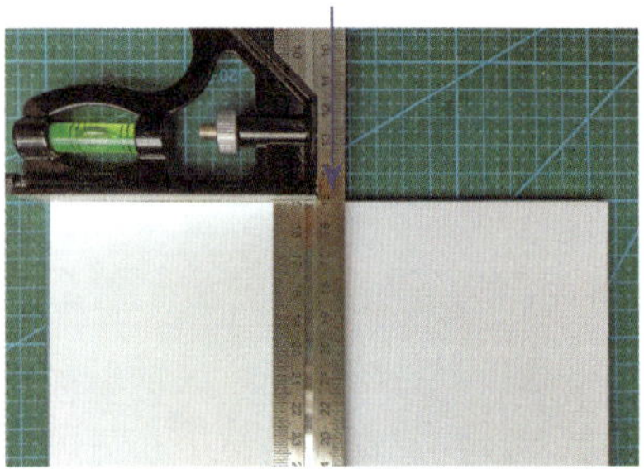

（f）在多个方向平移画线

图4-2　切割前准备工作

2. 精准切割板材

精准切割时要求对板材、直尺、美工刀三者灵活运用，双手能同时把控这三种物件，需要有一定的力量（图4-3）。

3. 切割出多个规格相同的板件

采用尺卡固定直尺垂直角度，在板材上绘制出等距平行线，根据平行线裁切出多个规格相同的板件（图4-4）。

划切手法保持自然，用力按压，但不要紧张。

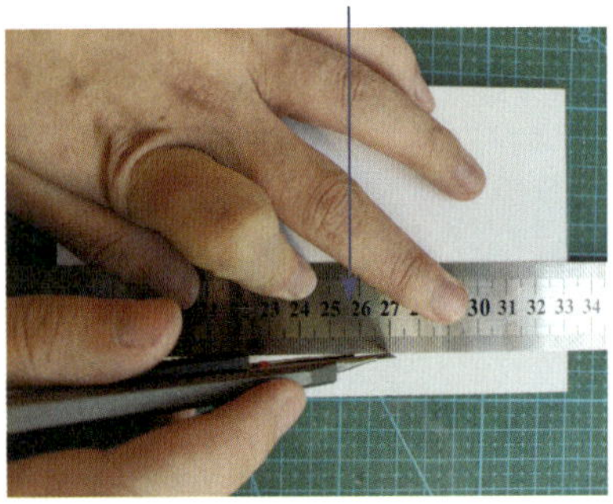

（a）双手用力按压板材与直尺

虎口中夹住美工刀。

（b）用虎口握住美工刀

根据板材厚度与硬度来控制划切角度，美工刀倾斜较大则施加力度较小。

（c）第一遍划切力度较小

图4-3　精准切割板材

第二遍划切力度较大，能顺应第一遍划切痕迹下刀，将板材一次性切断。

（d）第二遍划切力度较大

采用角度器将板材首尾两端切断。

（e）划切完毕后在侧面切断底部

图4-3 精准切割板材（续）

相对于角度器，尺卡的运用更灵活，适用于单一的平行线裁切，尺卡为不锈钢材质。

侧边螺丝能固定不锈钢尺。

（a）尺卡

将尺卡安装在不锈钢尺的30%长度位置上，使用时受力均衡。

（b）尺卡安装

将尺卡贴紧板材边缘，能平行移动直尺。

（c）贴紧板材边缘

经过精确测量后，将板材边缘裁切平直。

（d）使板材边缘整齐

打印一张带有条纹的纸张，条纹间距可根据模型需要定制。

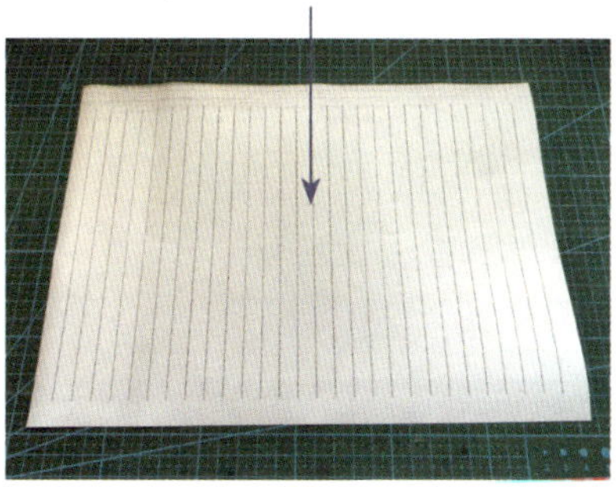

（e）打印条纹纸张

将条纹纸覆盖在板材表面，局部粘贴固定，根据条纹裁切板材。

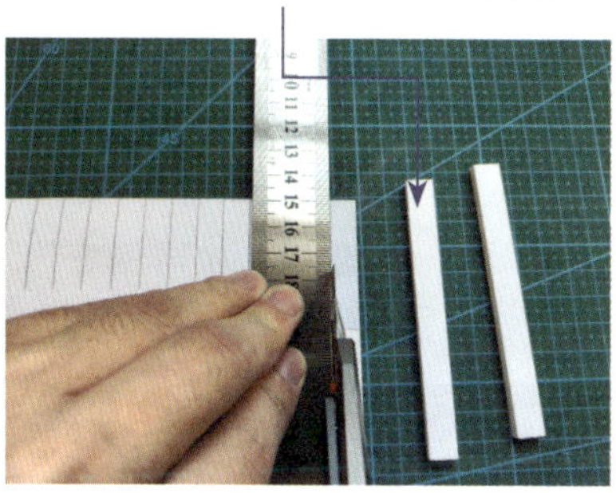

（f）划切板件

图4-4 切割相同的板件

4. 切割开孔

在板材上精确开出矩形孔是建筑模型制作必备的加工技能，广泛适用于建筑模型中的门窗口、楼板口等部位（图4-5）。

根据设计要求裁切需要开孔的板料。

（a）备好板材

先浅划出开孔痕迹，再用力划切，可在板料正反两面轮番划切。

（b）画线裁切

严格控制边缘不要超出形态轮廓，可以根据需要修饰内角边缘。

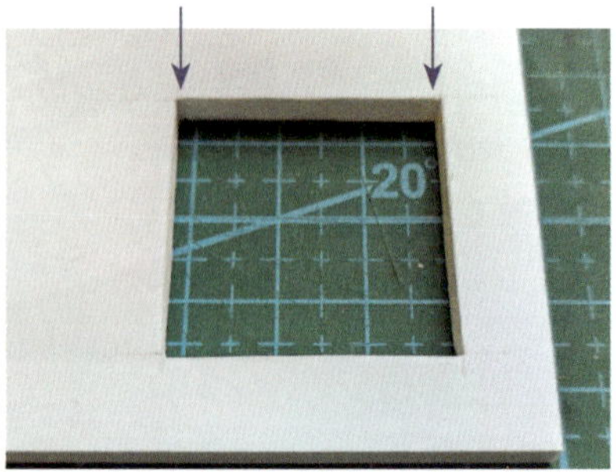

（c）裁切完毕

图4-5　切割开孔

4.1.2　KT板切割

1. 制作凹槽造型

KT板（聚苯乙烯芯发泡板），板体挺括、不易变形、易于加工、重量轻，表面可以丝网印刷、油漆、喷绘，广泛用于广告板、模型、建筑装饰等，KT板可以制作凹槽造型，可为建筑模型墙体对接提供良好的造型基础（图4-6）。

根据墙体构造厚度来找准宽度。依靠直尺划切KT板表面，不要将板料完全切断。

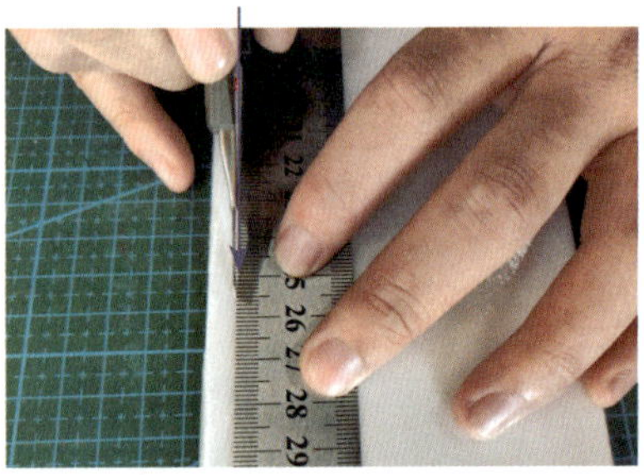

（a）划切表面

徒手持美工刀对板材侧面划切，贴着KT板表皮小心划切。

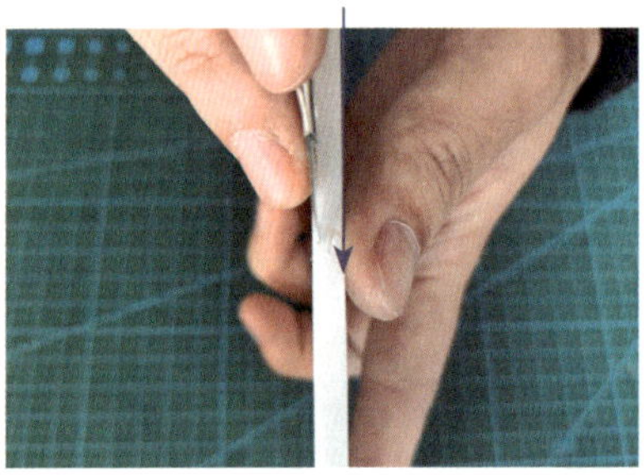

（b）分离表层

采用不锈钢尺端头将板芯材料刮除。

（c）刮除板芯

保留板材的表皮。　裁切一块同等宽度板材作相同处理。

（d）保留表皮

用游标卡尺测量板材厚度，确保厚度一致。

（e）测量厚度

将两块经过加工的板材采用模型胶粘贴在一起，形成凹槽。

（f）粘贴对接

图4-6　凹槽制作

2. 制作碰角造型

KT板质地较软，能轻松制作碰角造型，加工难度低。但是，要做到严丝合缝，还需要长时间练习。碰角造型是建筑模型中墙体转角的必备工艺，能体现建筑模型的品质（图4-7）。

3. 制作弧形边缘斜角造型

对KT板进行弧形切割并不难，而要将弧线进一步加工成斜角造型，可手工操作或采用泡沫线型切割机加工（图4-8）。

（a）修整边缘　（b）划切表皮　（c）剥离表皮
（d）削切板芯　（e）砂纸打磨　（f）形成斜角
（g）120°对接　（h）90°对接

图4-7　碰角造型制作

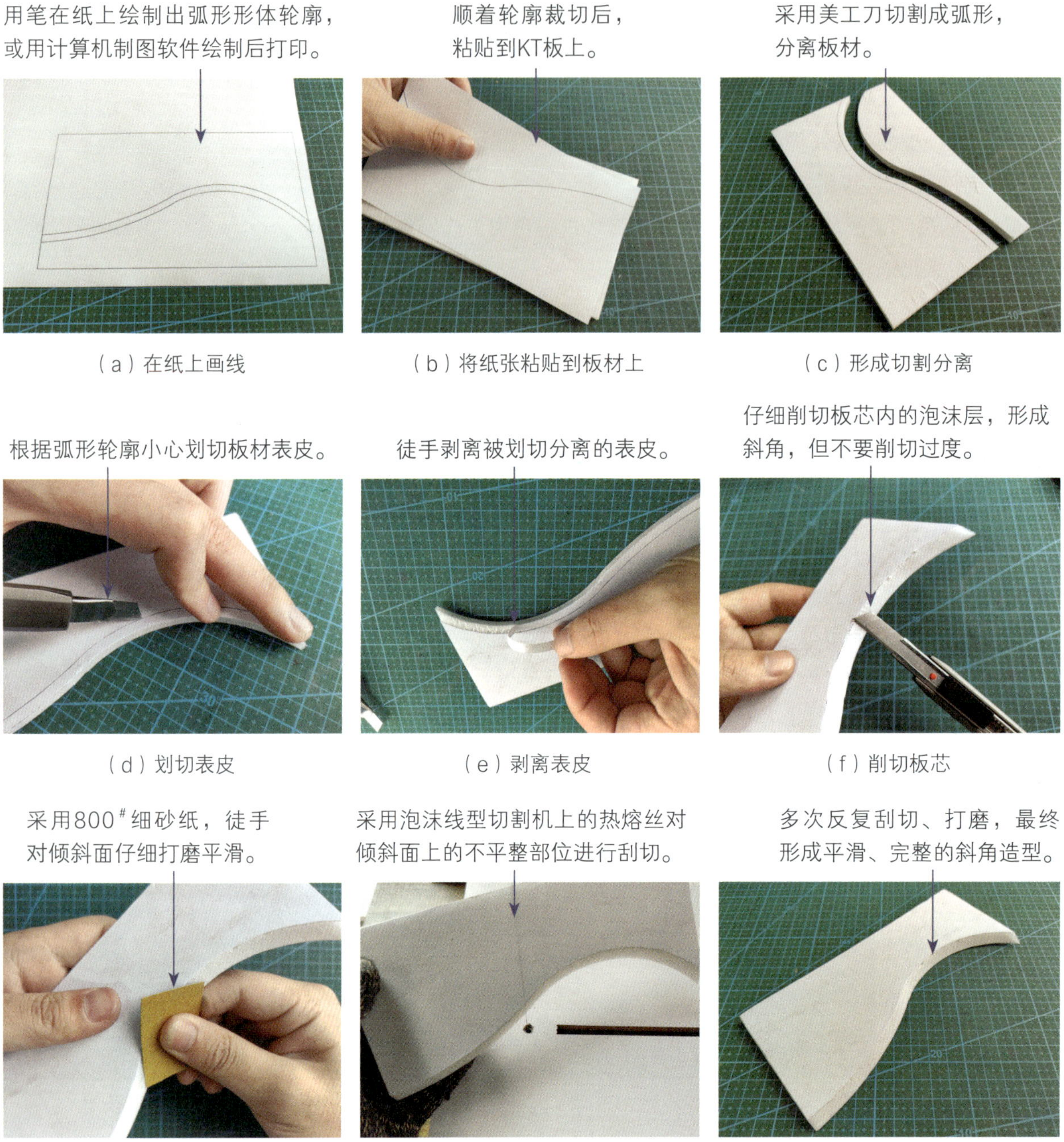

（a）在纸上画线　（b）将纸张粘贴到板材上　（c）形成切割分离

（d）划切表皮　（e）剥离表皮　（f）削切板芯

（g）砂纸打磨　（h）切割机加工　（i）形成斜角造型

图4-8　弧形边缘斜角造型制作

4.1.3　有机玻璃板切割

1. 直线切割

有机玻璃板材质地较硬，最小厚度规格为1mm；切割时需要较大力量，容易划切走样，甚至伤到手指，必须全神贯注地精细操作（图4-9）。

2. L形切割

借助手电钻钻孔可防止板材切割超过端头。但是，对定位的精准度要求很高，应尽量选用规格小的钻头对L形转角处进行加工（图4-10）。

确定尺寸与位置后，采用美工刀或勾刀多次划切表面。每次划切深度很小，这里选用的是厚2mm的亚克力板，使用中等力度反复划切6～8次。

（a）表面反复划切

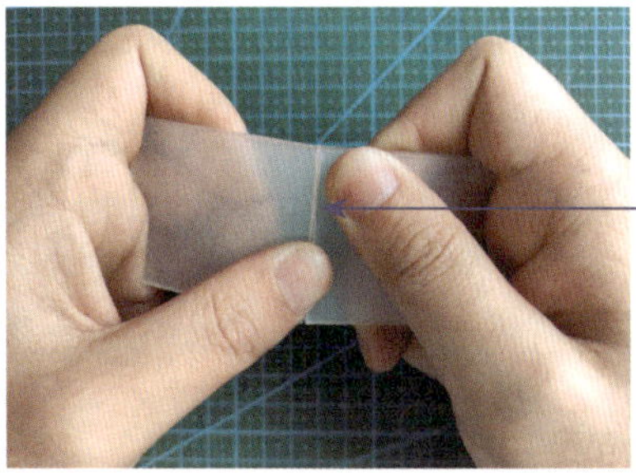

尝试用手掰开。如果掰开不均衡，应当继续划切凹痕。

（b）用手掰开

掰断后，采用800#细砂纸徒手平滑打磨断面。

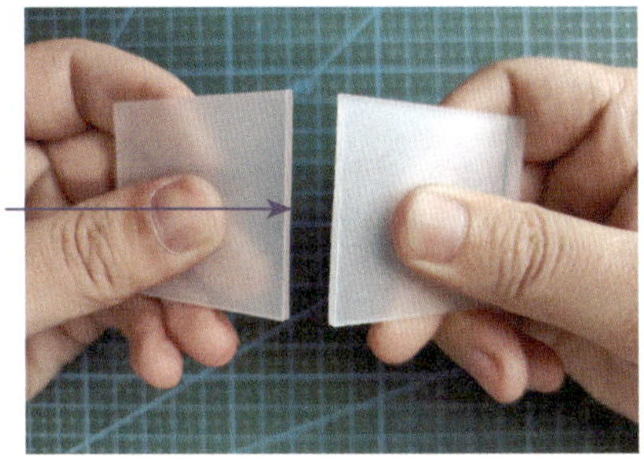

（c）掰断

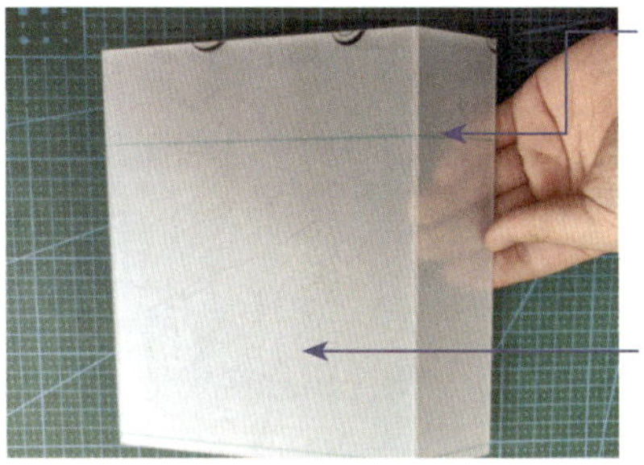

如果不需要断开，划切时的力度应当更小；可多次尝试掰开，直至能形成折角。

注意表皮在建筑模型安装成型之前再揭开，以免表面被划伤。

（d）掰成折角

图4-9　直线切割

确定尺寸与位置后，采用美工刀多次划切表面。

（a）定位划切

在两条划痕相接处，用手电钻钻孔，选用ϕ2mm麻花钻头。

（b）在交界处钻孔

轻轻反复扭动划痕两侧的板块。

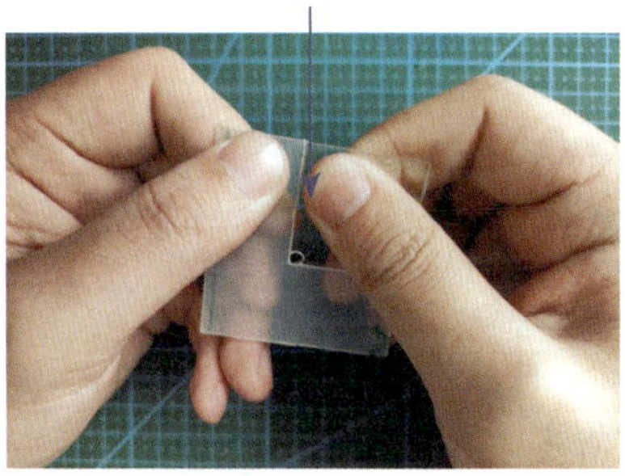

（c）轻轻掰断划痕

将板材完全掰断脱离。

（d）掰开断片

仔细修、切钻孔的圆角，将圆角修、切成直角。

（e）美工刀修、切

完成后，根据需要用800#细砂纸打磨裁切断面。

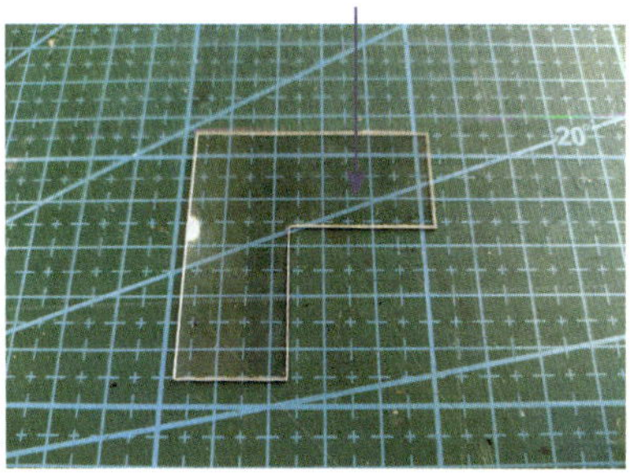

（f）修、切完成

图4-10　L形切割

4.1.4 聚苯乙烯泡沫切割

聚苯乙烯泡沫是建筑模型制作中常用的形体材料。该材料轻质，可塑性强；采用聚苯乙烯泡沫切割机加工，简单实用。

1. 切割准备

聚苯乙烯泡沫切割机的工作原理很简单，是通过直流电对电热丝加温后熔解聚苯乙烯泡沫体块，使其分离出多种造型。在正式切割前，要做好准备工作，将电热丝安装到位，尽量绷直（图4-11）。电热丝的温度和切割时推送聚苯乙烯泡沫材料的速度需匹配，避免推送过快绷断电热丝或推送过慢导致熔解材料切口过大。

2. 切割圆柱体

为了将立方体聚苯乙烯泡沫切割成圆柱体，需要制作一个支撑基点；可将泡沫体块固定在基点上旋转，关键在于精确测量尺寸并精准定位（图4-12）。

3. 切割楼梯形

将聚苯乙烯泡沫切割成楼梯形，此法适用于快速制作建筑模型中的楼梯构造；可将楼梯形体绘制在纸上并裁剪下来，粘贴到泡沫板料上，再根据剪切形体轮廓手动平移，进行切割即可（图4-13）。

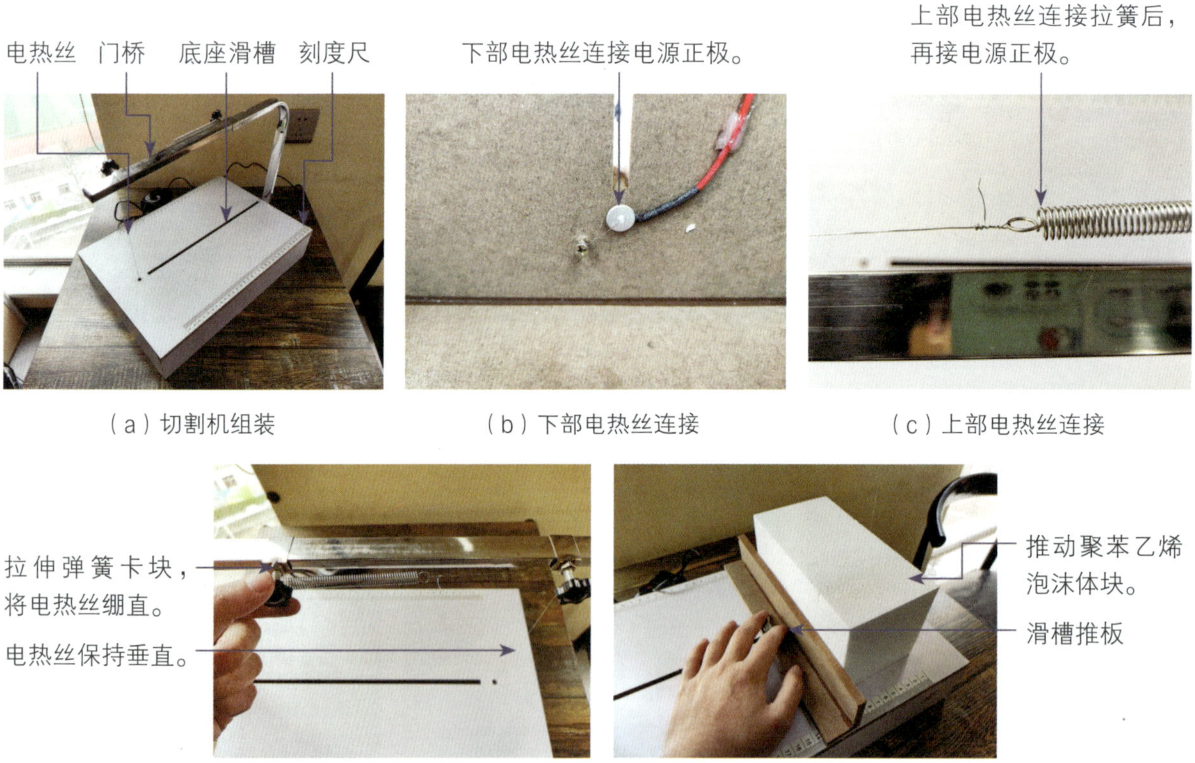

（a）切割机组装　（b）下部电热丝连接　（c）上部电热丝连接

（d）拉开弹簧　（e）平推材料

图4-11　切割准备

采用直尺测量中心位置。

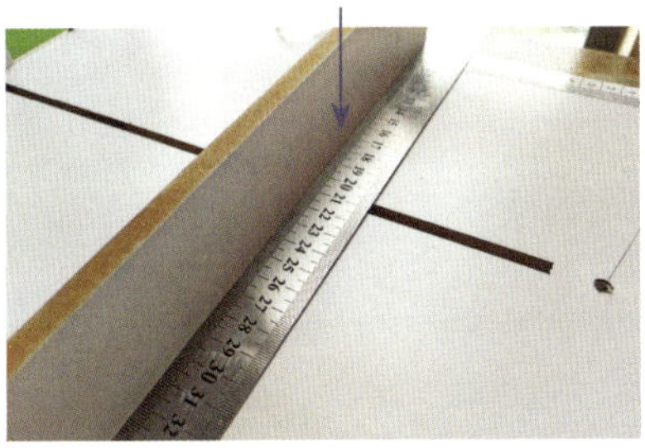

（a）测量中心线

采用KT板制作一个正方形基盘。

将泡沫立方体放置在基盘上，观察与电热丝的距离是否合适。

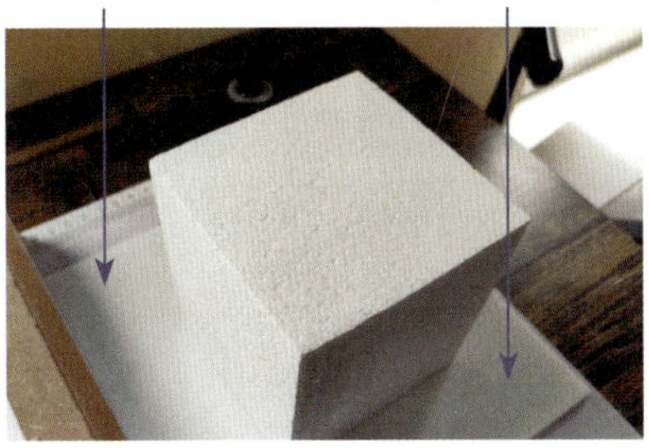

（b）下部电热丝连接

在底座基盘上切割凹槽，宽度与切割机底座凹槽一致。

（c）上部电热丝连接

采用勾刀在基盘中心部位切割出内凹孔。

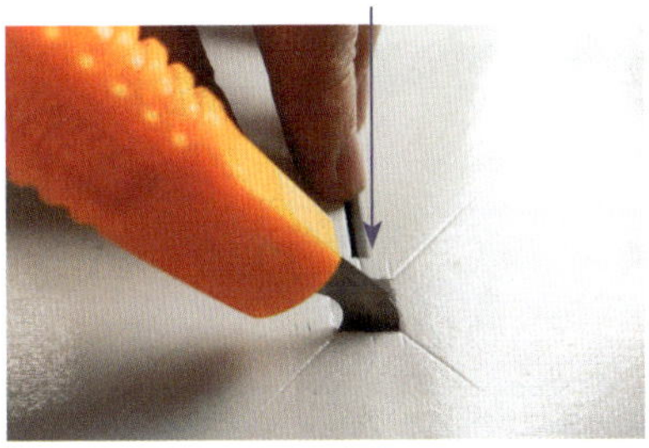

（d）切割中孔

将图钉置入孔中穿透KT板，用模型胶粘贴固定。

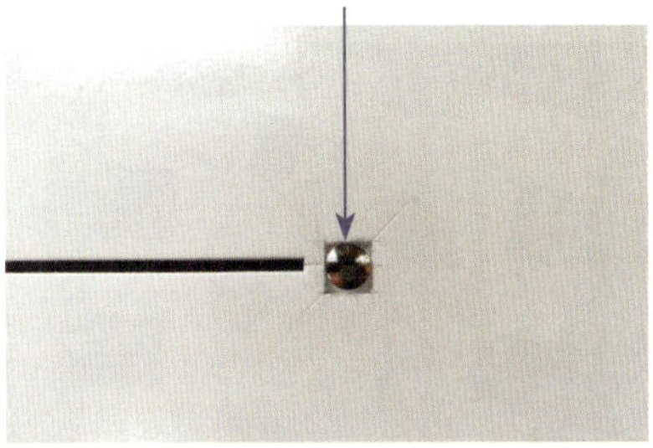

（e）插入图钉

将KT板基盘翻面，用直尺测量图钉至电热丝之间的距离。

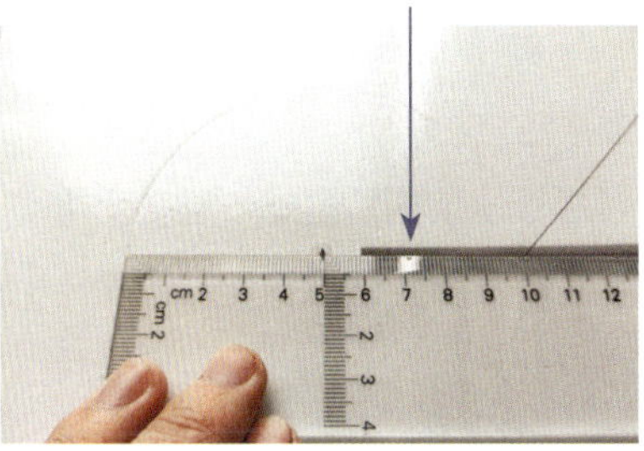

（f）测量并定位圆柱半径

将正方体聚苯乙烯泡沫体块再次放置在KT板基盘上，体块中心插在图钉上。

（g）将泡沫体块放置在图钉上

精确对准电热丝，反复校正位置。

（h）再次对准定位

匀速旋转正方体，即可获得圆柱体。

（i）旋转切割

图4-12　切割圆柱体准备

在纸上画出楼梯形体轮廓，剪切下来。

（a）剪切楼梯图形

采用双面胶将纸张轮廓贴在泡沫板上。

（b）粘贴到泡沫板上

手工对准电热丝，精准定位。

（c）对准电热丝

图4-13　切割楼梯形

手工平缓移动，对泡沫板块进行切割。

（d）逐一切割

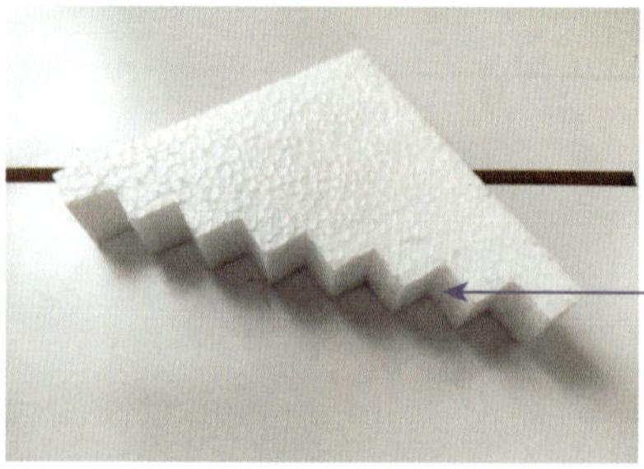

切割完成后，仔细检查，可再次切割校准。

（e）切割完成

图4-13　切割楼梯形（续）

4. 制作凹陷与开孔造型

对于复杂造型，应当多方面考虑各种方法，例如可以采用多层板块切割后叠加，形成变化丰富的形体构造。开孔时，需要将电热丝拆卸，从孔洞中穿过后再进行切割（图4-14）。

在纸上画出形体轮廓，剪切下来。

（a）剪切设计图形

根据设计尺寸，切割多块泡沫板。

（b）统一切割板块

采用双面胶将纸张轮廓贴在泡沫板上。　手工对准电热丝，精准定位。

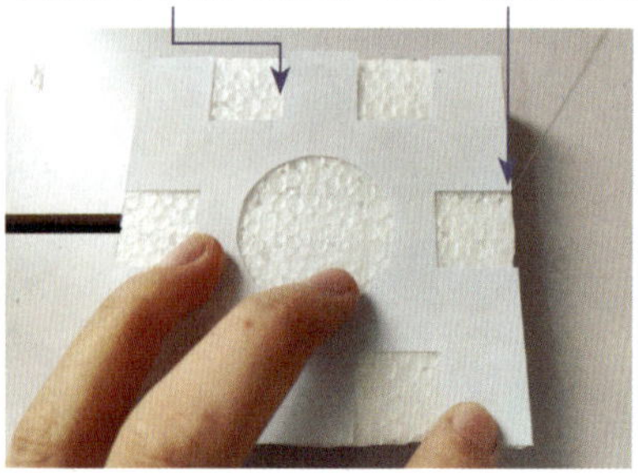

（c）将图形纸张粘贴到泡沫板上

将多个形体仔细切割完成。

（d）逐一切割完成

采用模型胶将多个形体粘贴起来。

（e）叠加粘贴

采用电钻上的麻花钻头，在形体泡沫上手工钻孔。

（f）钻头钻孔

手工平缓移动泡沫板块形体，进行切割。

（g）电热丝穿过孔洞切割

切割完成后仔细检查，可再次切割校准。

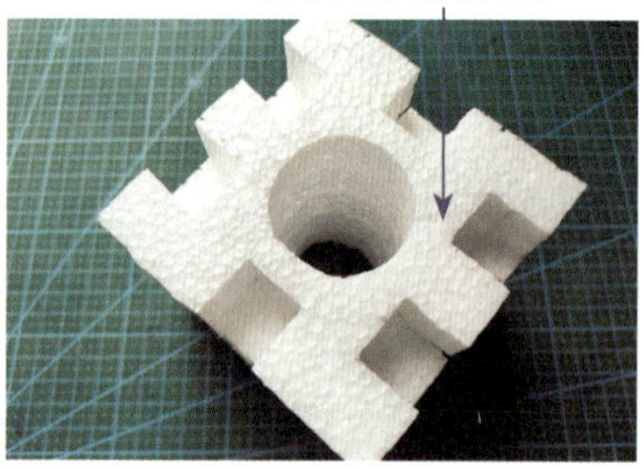

（h）切割完成

图4-14　制作凹陷与开孔造型

4.2 削切打磨方法

对材料打磨与削切是建筑模型比较基础的造型方法，合理采用砂纸、美工刀、研磨剂等基础材料来创造出平滑圆润的基础造型，下面介绍手工模型常用材料的打磨削切方法。

4.2.1 聚苯乙烯加工

1. 准备工作

提高砂纸使用效率，应当对砂纸进行预加工，采用KT板制作基础，将砂纸粘贴至2~3层KT板上，能方便手持加工（图4-15）。

2. 削切半圆顶造型

半圆顶造型适用于仿古建筑，需采用美工刀进行削切；还可配合砂纸打磨，最后采用切割机修饰，多次反复雕琢才能达到完美的造型（图4-16）。

在KT板的一面上用美工刀划切出较浅的凹槽，方便折弯成弧形。

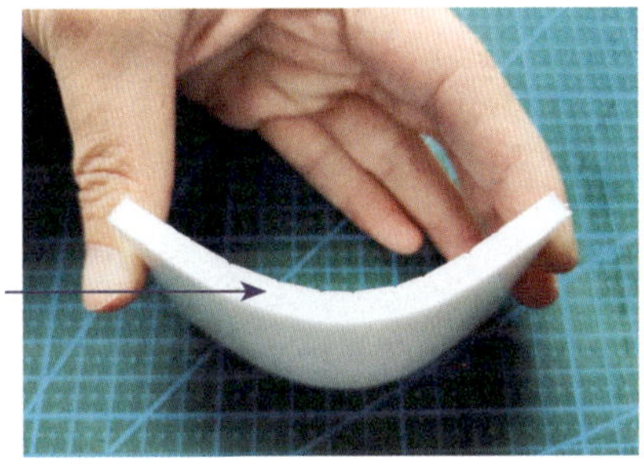

（a）折弯KT板

采用双面胶将砂纸粘贴到KT板上，形成砂纸打磨块，方便使用。

（b）粘贴砂纸

图4-15 准备工作

采用切割机切出圆柱与外框。

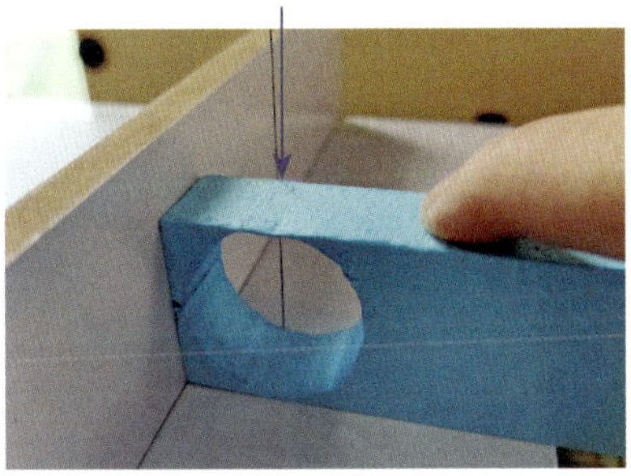

（a）切割出圆柱外框

圆柱　保留50%外框。

（b）保留圆柱与外框

标记圆柱高度50%。

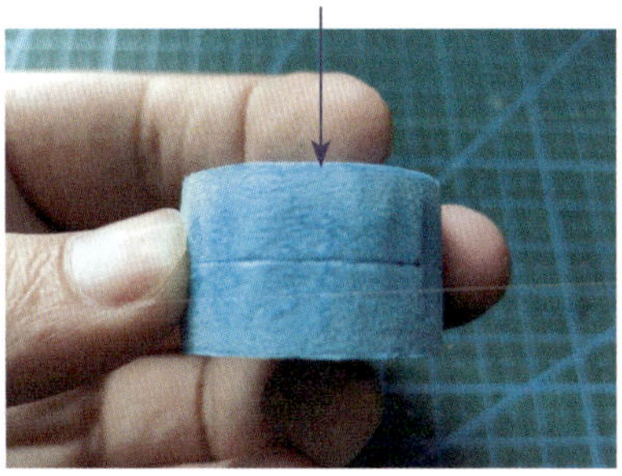

（c）标记圆柱高度

图4-16 半圆顶造型

美纹纸粘贴一周。

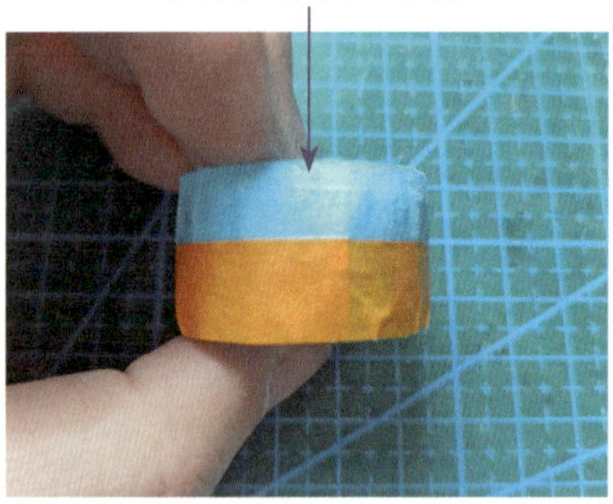

（d）圆柱粘贴美纹纸

采用双面胶将砂纸
粘贴到圆柱外框上。

（e）圆柱外框粘贴砂纸

多方向环绕打磨。

（f）外框打磨圆柱

仔细削切半球造型。

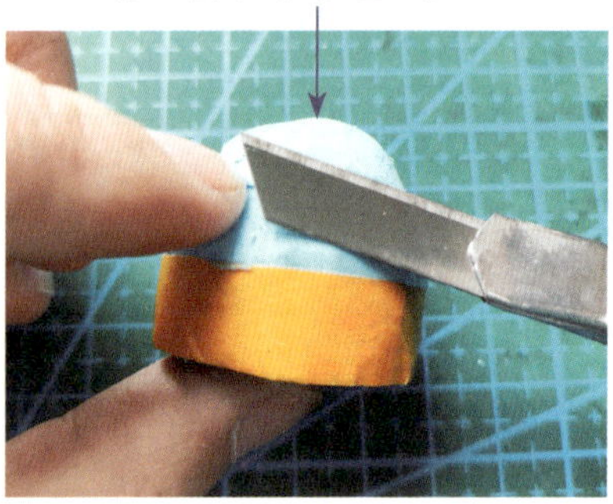

（g）美工刀削切

多次打磨半球造型。

（h）反复打磨

多角度观察半球造型平整度。

（i）检查平滑度

采用切割机修饰后，将半球形体切割分离出来。

（j）切割机磨削

完成后，还可继续打磨、加工，直至完美。

（k）半圆顶完成

图4-16　半圆顶造型（续）

3. 削切球体造型

球体造型是加工其他模型构造的基础，削切难度大，需要多次反复练习。其加工方法与半圆顶造型类似（图4-17）。

4.2.2　有机玻璃板加工

1. 花纹打磨

有机玻璃板表面光洁，容易受到磨损，需要经过打磨处理（图4-18）。

用圆规在纸上画出圆形并剪切，粘贴在聚苯乙烯立方体上表面。

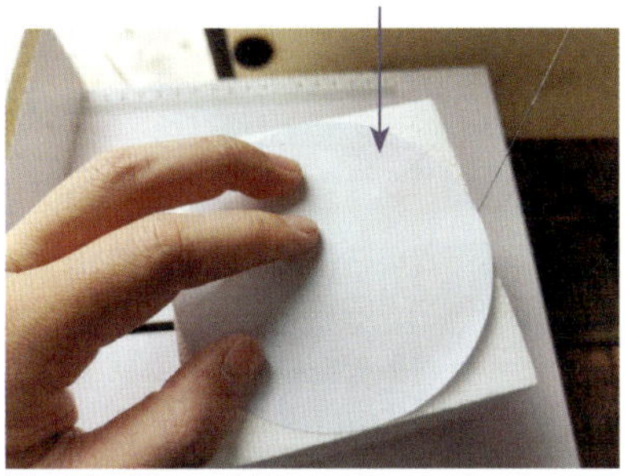

（a）剪切设计图形

将立方体旋转切割，形成多面弧形造型。

（b）旋转切割立方体

采用美工刀削切棱角。

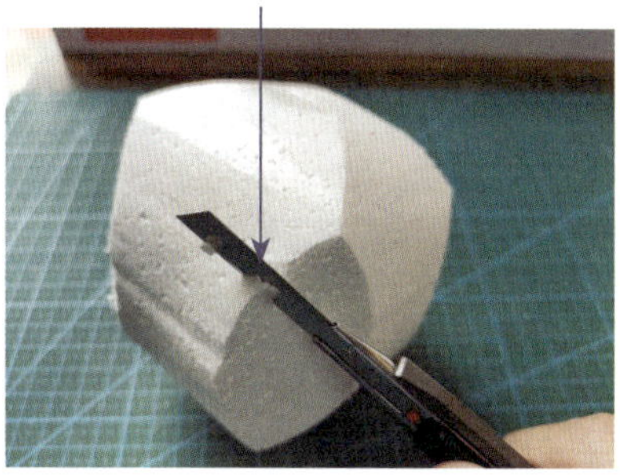

（c）美工刀削切

尽量削切圆滑。

（d）削切成雏形

多次打磨球形。

（e）砂纸打磨

反复观察球体表面并精细打磨。

（f）形体完成

图4-17　球体造型

有机玻璃板表皮揭开后容易受到磨损。

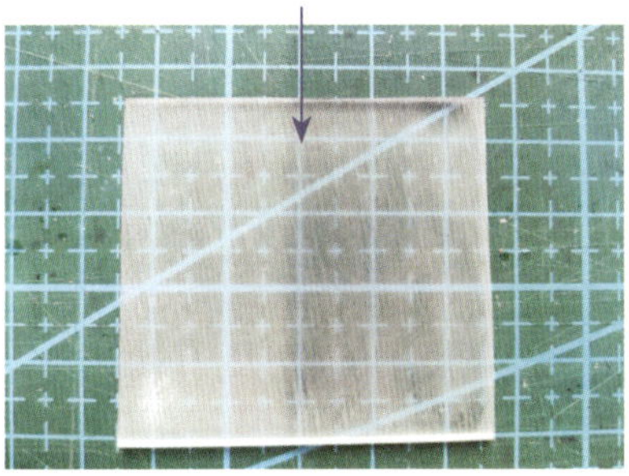

（a）磨花的有机玻璃板材

在1000#细砂纸表面蘸水，打磨平整。

（b）用细砂纸打磨

双面同时打磨，同步打磨边角。

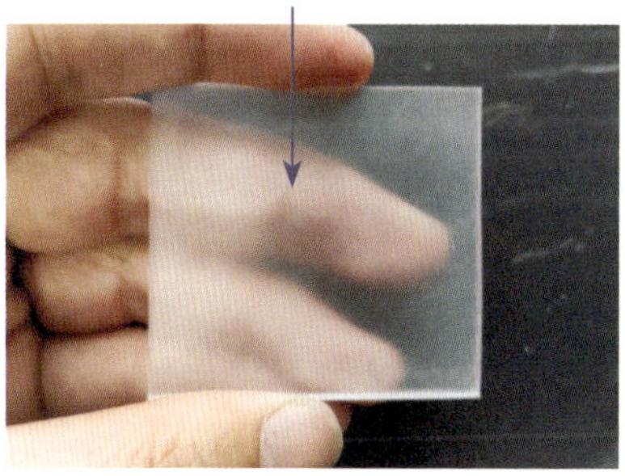

（c）打磨完成

研磨剂

挤出研磨剂，平涂在有机玻璃板上。

采用配套海绵打磨。

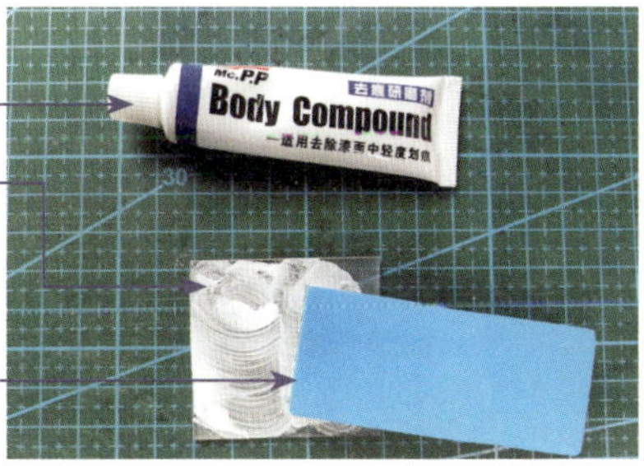

（d）用研磨剂打磨

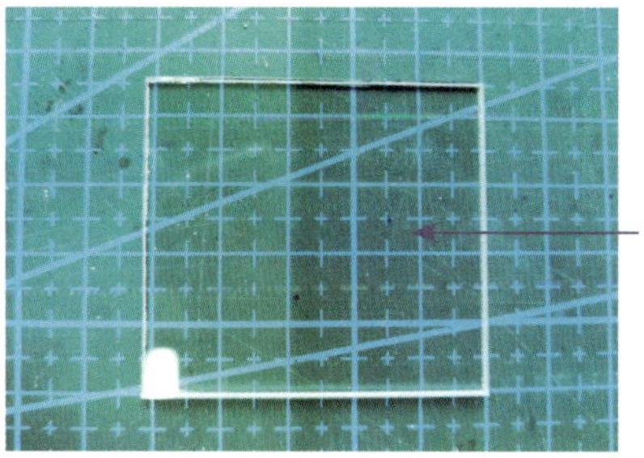

打磨完毕后，尽快安装在模型上并保护好表面。

（e）旋转、切割立方体

图4-18　花纹打磨

（a）勾刀划切　（b）涂抹白色丙烯颜料　（c）条纹制作完成

图4-19　条纹造型

2. 条纹造型

在有机玻璃板表面制作条纹，可用于建筑模型中的百叶窗、玻璃幕墙等构造；主要采用划切后，填入颜料的方式制作（图4-19）。

4.3　弯曲造型方法

弯曲造型方法是将材料弯曲成弧形造型的必备基础加工工艺，多采用软质材料加工，需要严格控制弧度的均匀程度。还可以根据材料特征进行热加工，即对材料烘烤软化后再进行弯曲处理。

4.3.1　聚苯乙烯加工

1. 弯曲造型基础

选用KT板，剥离单面表皮，露出聚苯乙烯内芯进行弯曲（图4-20）。

2. 圆角造型

不切断KT板，但切割出凹槽，形成圆角弯曲面的内凹空间，再用即时贴固定成型（图4-21）。

3. 拱形造型

制作面积较大的KT板弧形造型时，需要借助模具。弧形模具无处不在，这里选用的是建筑模型中常用的自动喷漆罐，参考罐子的弧度对两层KT板进行弯压成型（图4-22）。

（a）揭开表皮

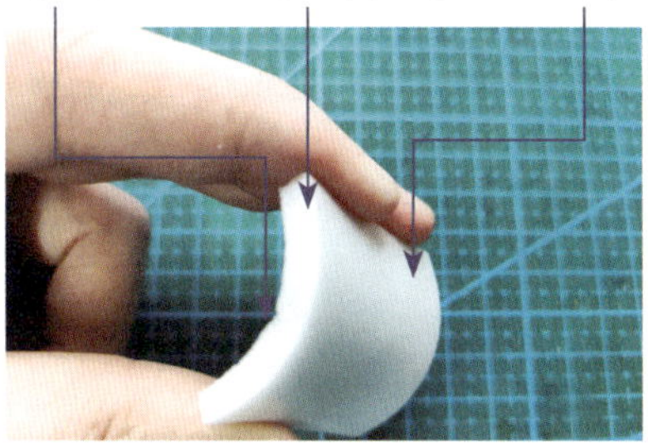

（b）手工弯压

（c）粘贴即时贴

图4-20　弯曲造型

（a）揭开表皮

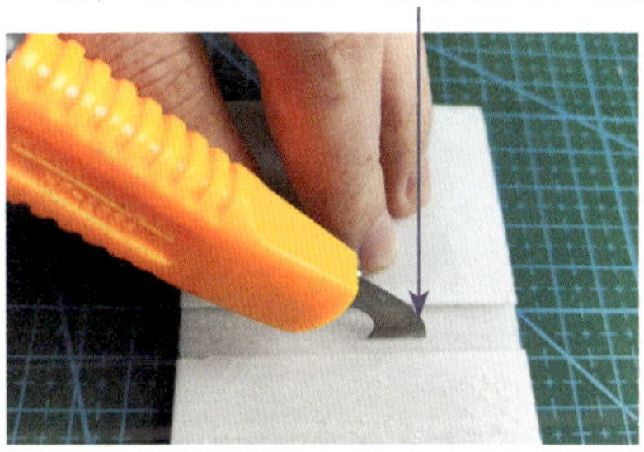

（b）勾刀刨切凹槽

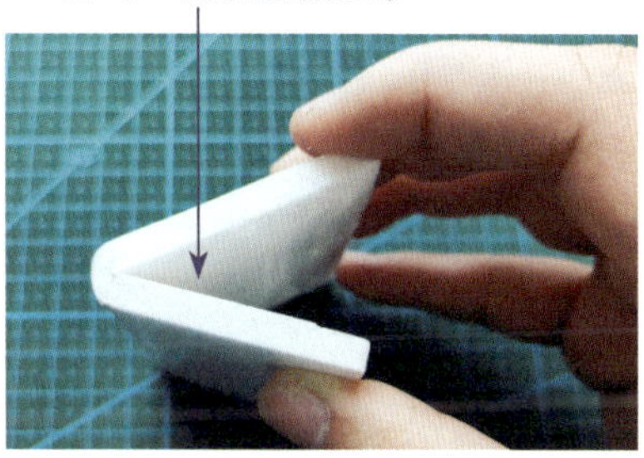

（c）手工弯压成型

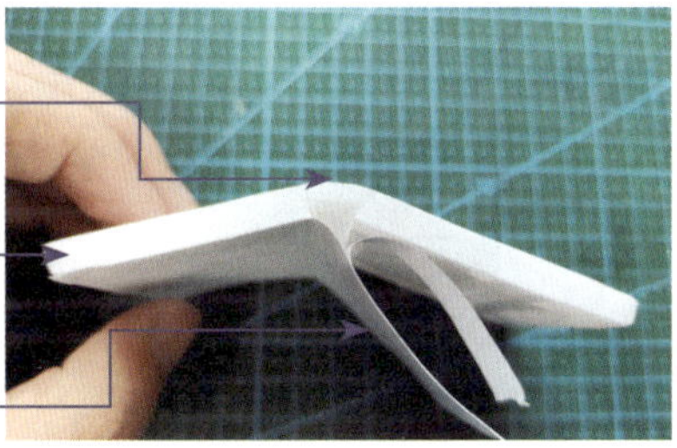

（d）粘贴即时贴

（e）圆角成型

图4-21　圆角造型

（a）将KT板环绕喷漆罐

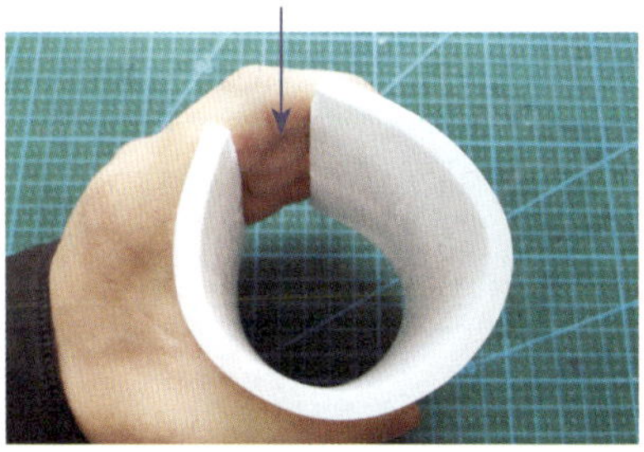

（b）手工压制成型

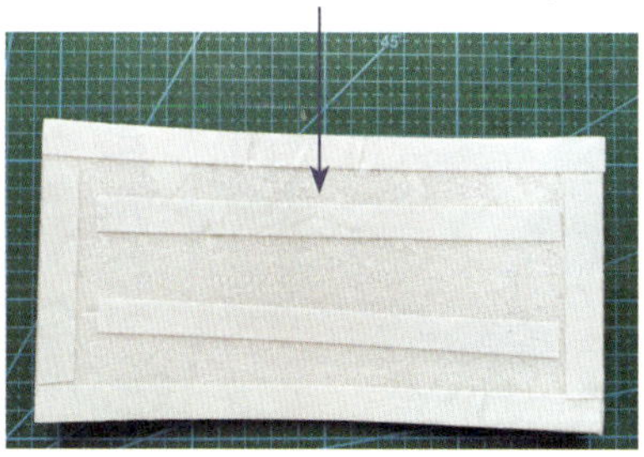

（c）粘贴双面胶

图4-22　拱形造型

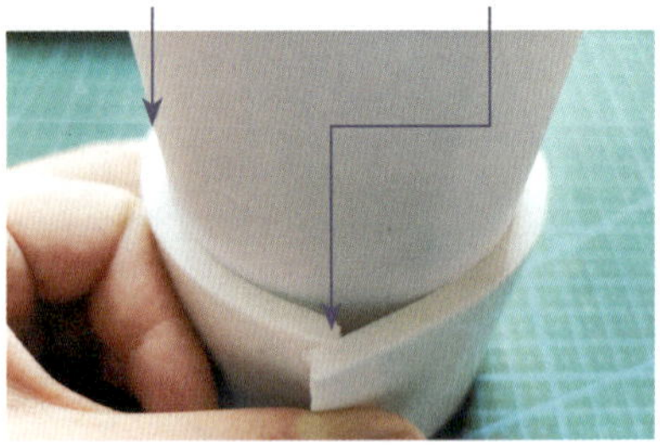

（d）在罐子表面覆盖内层KT板

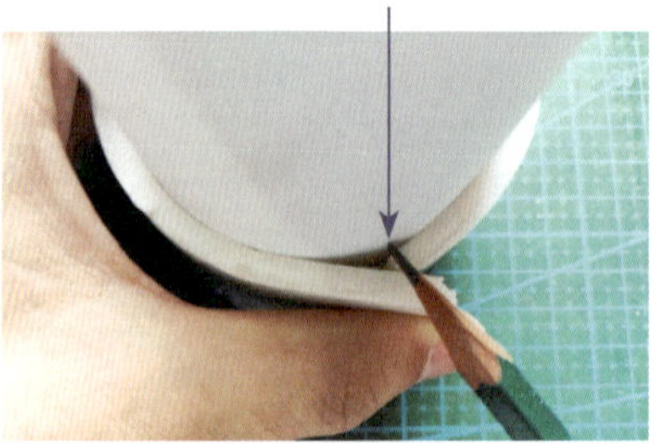

（e）外层KT板在接口处画线

（f）美工刀裁切外层KT板

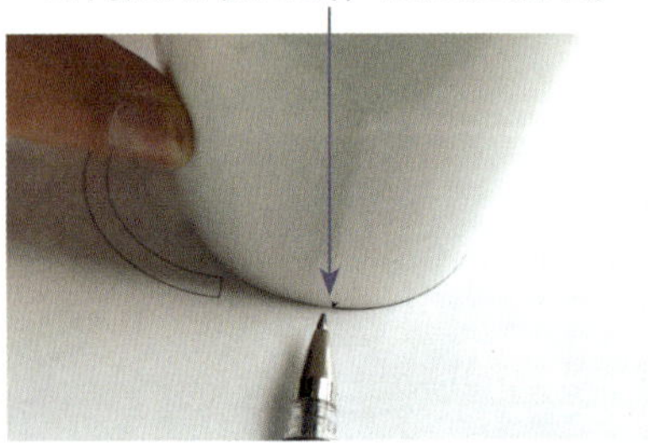

（g）对内层KT板画线定位

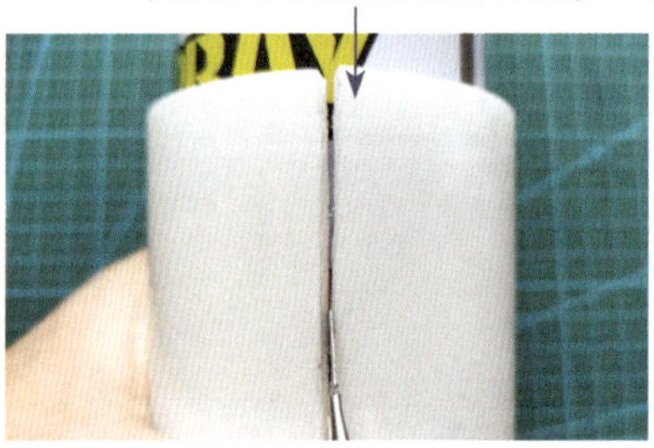

（h）美工刀裁切内层KT板

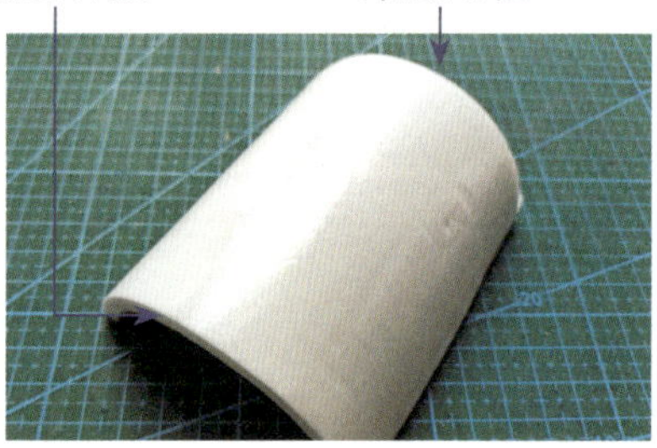

（i）弯压粘贴成型

图4-22　拱形造型（续）

4. 圆管造型

根据上述方法，还可以采用KT板制作圆管造型。由于圆管形态呈封闭状态，造型更加简单（图4-23）。

（a）将KT板环绕喷漆罐

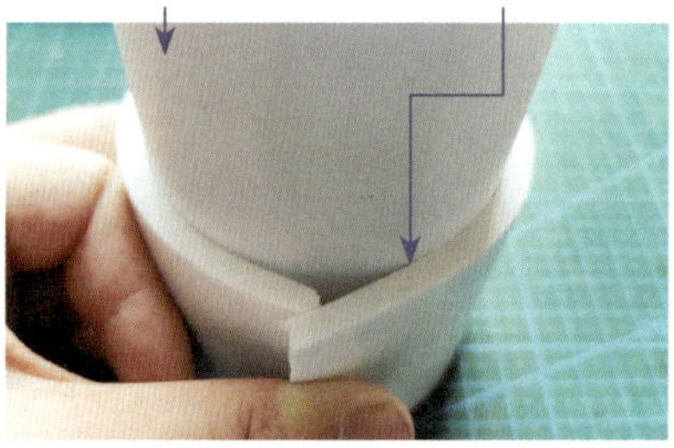

（b）覆盖第二层KT板

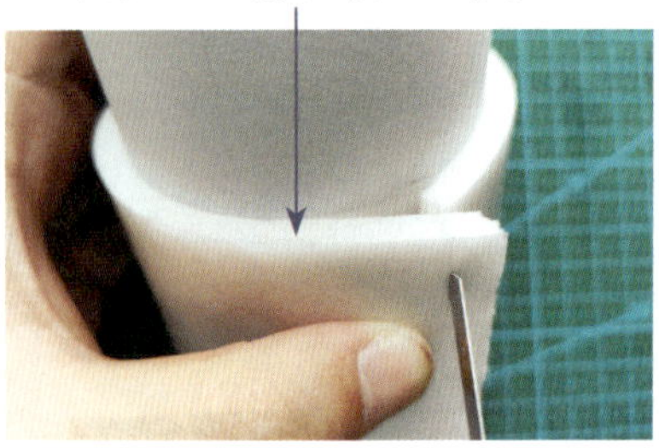

（c）美工刀裁切KT板

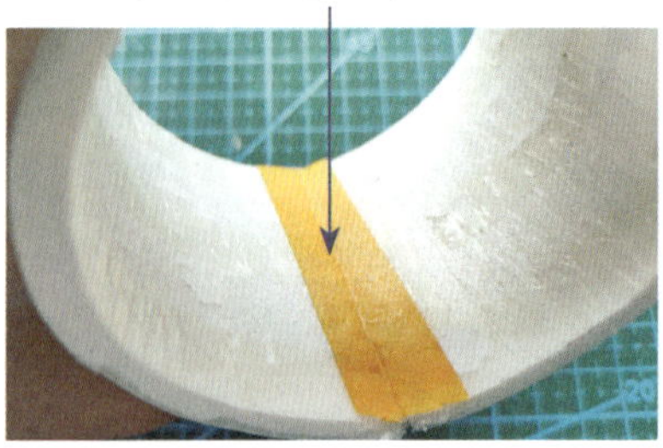

（d）将两层KT板环绕粘贴美纹纸

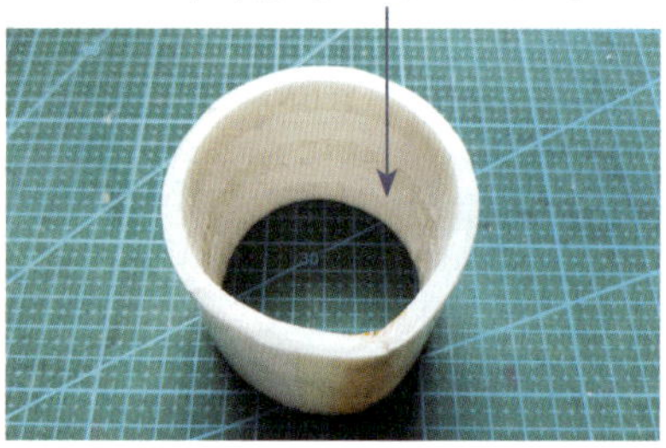

（e）弯压粘贴成型

图4-23　圆管造型

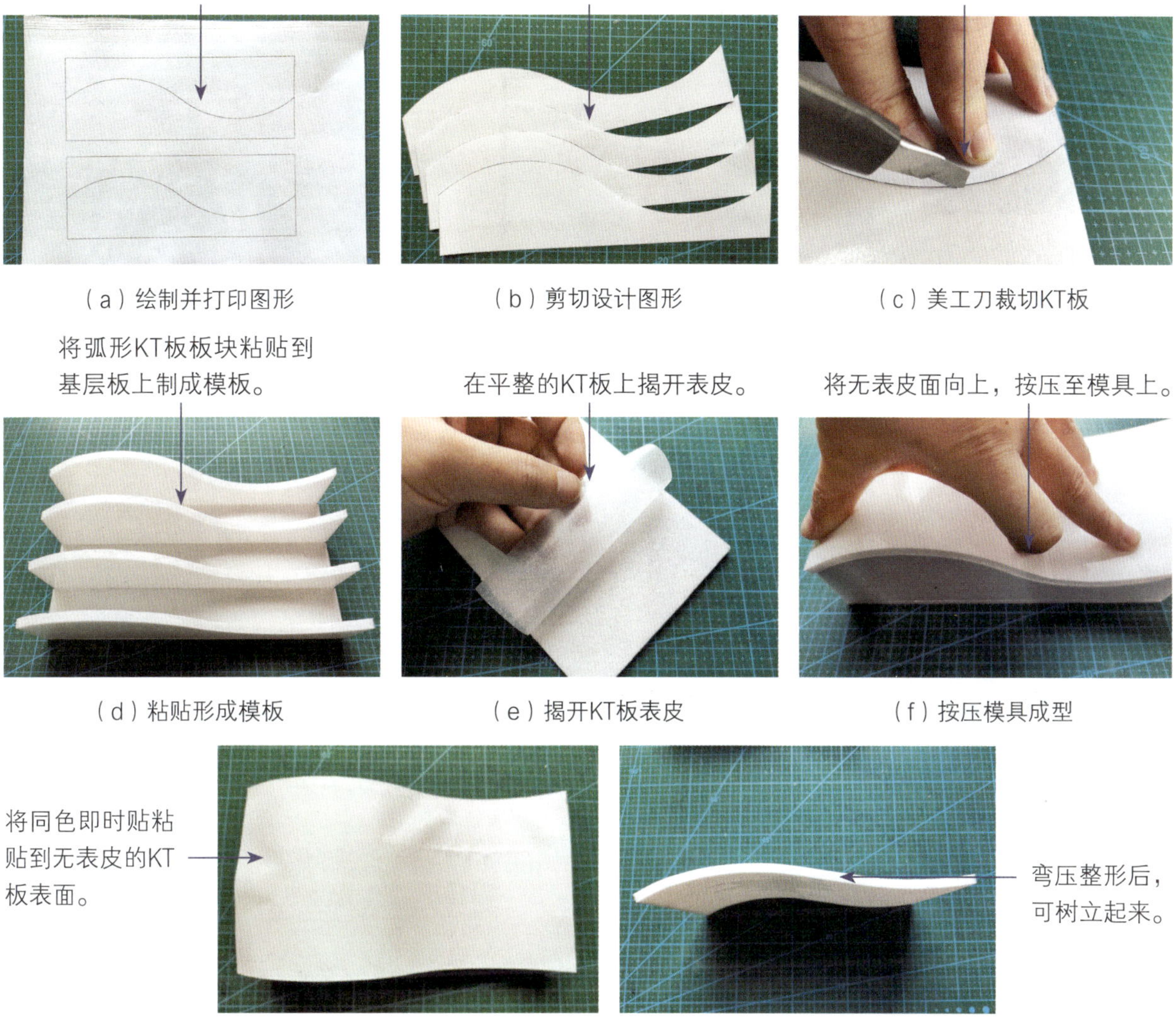

（a）绘制并打印图形　（b）剪切设计图形　（c）美工刀裁切KT板

（d）粘贴形成模板　（e）揭开KT板表皮　（f）按压模具成型

（g）按压成型，同时粘贴同色即时贴　（h）弯压成型

图4-24　波浪造型

5. 波浪造型

根据设计图形，将KT板切割成弧形，组合成弧形模具，再将平整的KT板在模具上按压成型（图4-24）。

4.3.2　透明PE胶片圆顶造型

PE胶片的厚度小于1mm，具有一定韧性，可以进行热加工制作成弧形或任意形态圆顶造型。加热方式多种多样，可以根据实际条件进行选择。这里采用卡式燃气炉加热，火焰温度稳定，加热面积较大，成型效果好且速度快（图4-25）。

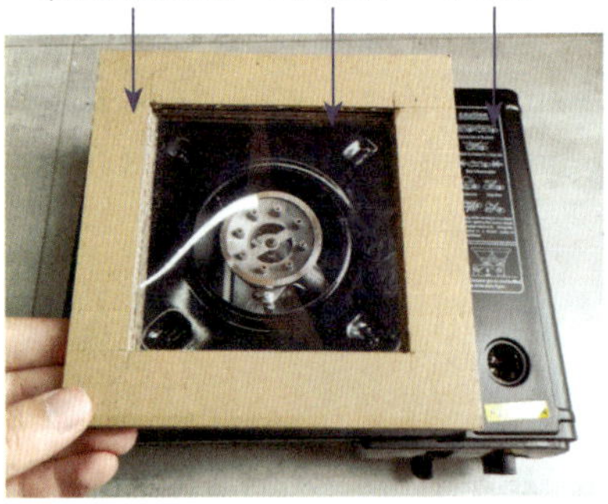

（a）卡式炉烘烤

（b）趁热弯压

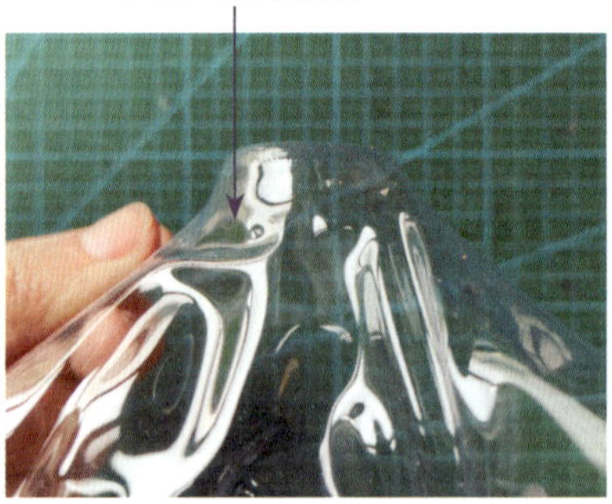

（c）弯压成型

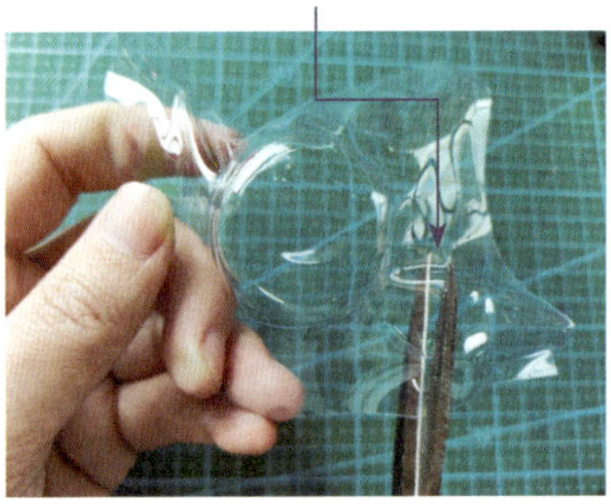

（d）裁剪边缘

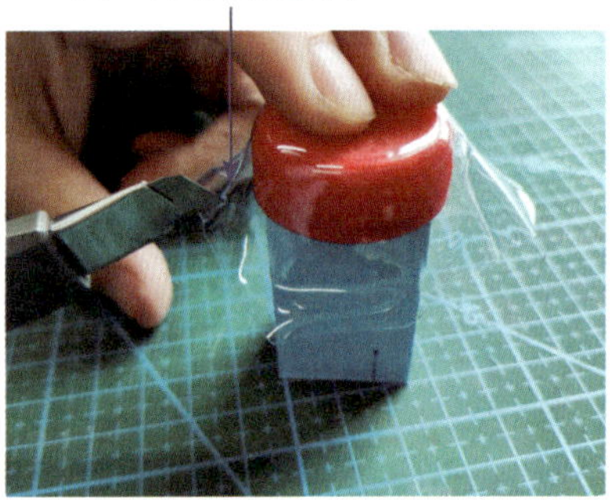

（e）精细切割

（f）调整完成

图4-25　PE胶片圆顶造型

4.4　粘贴方法

粘贴是采用各种胶水对模型材料进行组装粘接，主要粘贴材料为模型胶、502胶、双面胶等；不同材料搭配不同黏结剂，对于大型构造形体，可同时使用两种以上黏结剂。

4.4.1　粘贴基础方法

黏结剂大多比较黏稠，使用时要完整、均匀涂抹至材料表面，要求细致、全面（图4-26）。

4.4.2　树木粘贴制作

1. 牙签树

可采用牙签制作模型树的主干，可以用细泡沫制作树体，通过喷涂绿色涂料，能制作简单、抽象的远景树木（图4-27）。

采用1mm厚的亚克力薄板涂抹模型胶，在材料表面涂抹均匀。

（a）采用有机玻璃薄板涂抹模型胶

采用小容量带水雾喷射功能的容器，其内部装入经过稀释后的白乳胶，能喷射到较大面积的模型材料表面。

（b）采用带喷射功能的容器喷涂白乳胶

比较黏稠的焊接剂采用棉签或毛笔刷涂至模型材料上。

（c）棉签蘸黏稠的焊接剂

采用木杆铅笔笔尖，将板材粘贴后挤出的胶水赶压整齐。

（d）笔尖赶压黏结剂

图4-26　基本用法

细海绵可选用日用清洁擦，质地均衡、细腻，可用美工刀裁切。

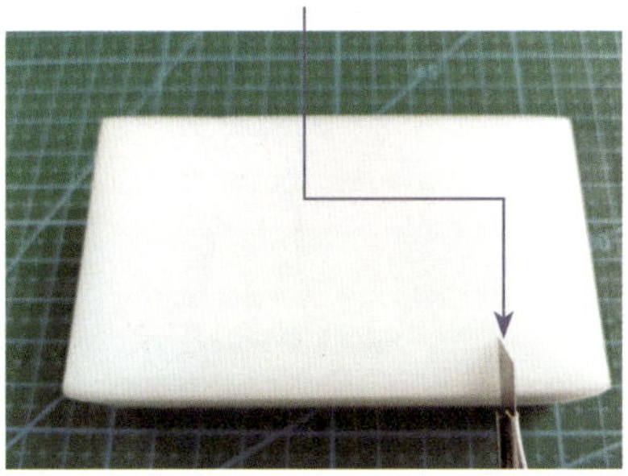

（a）裁切细海绵

采用牙签穿至裁切后的海绵中央。

（b）穿接牙签

根据树的形体，将多块细海绵采用模型胶粘贴组合。

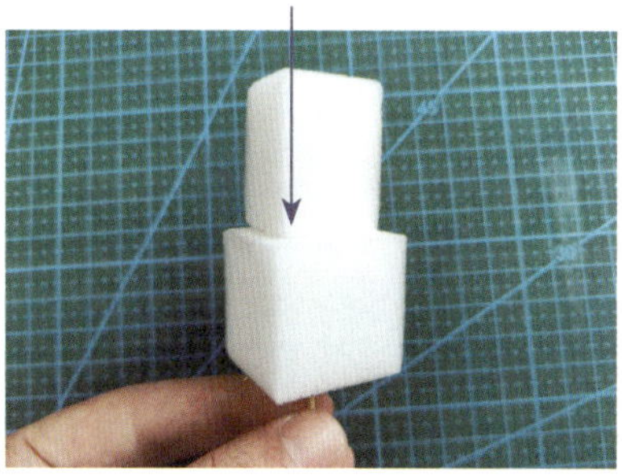

（c）多块组合粘贴

采用剪刀将方形海绵修剪成圆形。

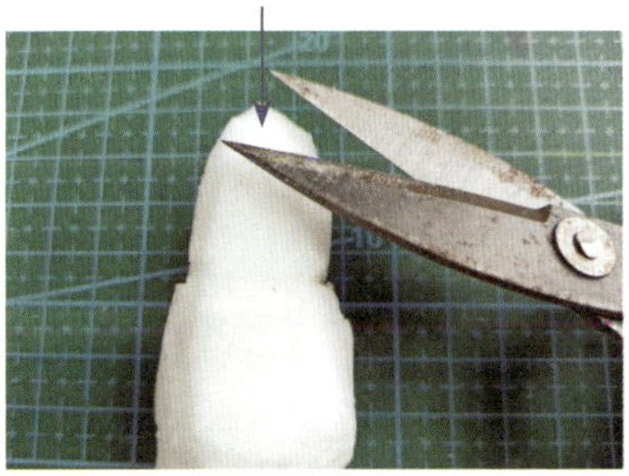

（d）剪刀修剪

喷涂绿色涂料。

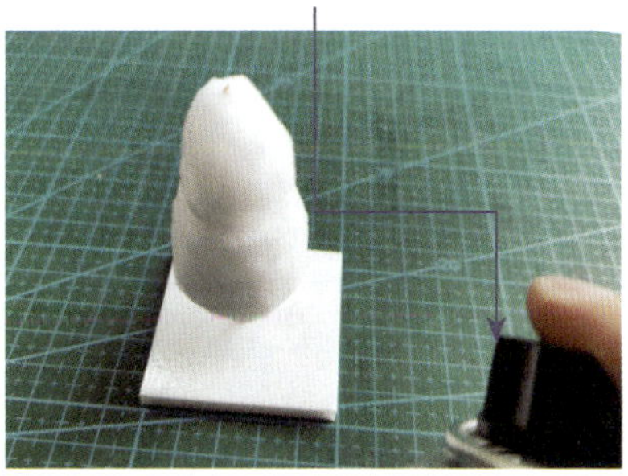

（e）喷涂料

喷涂完成后还可以继续修剪，并再次喷涂料。

（f）制作完成

图4-27　牙签树制作

2. 电线树

将电线中的铜丝抽取出来，拉伸、整合成树干与树梢的形态，其上采用模型胶粘贴纤维棉，再喷涂白乳胶，粘贴绿色泡沫草坪粉，能制作真实、具象的近景树木（图4-28）。

3. 铁丝树

铁丝选用ϕ 1mm软质铁丝。如果选用钢丝则加工起来比较费力，但是成型后其更挺拔有力。纤维棉随处可寻，可将废旧抱枕拆开，取出内芯纤维棉后，即可制作（图4-29）。

将多股铜芯电线中的铜芯抽取出来，树干部分拧成麻花状。

（a）抽取电线中的铜芯

树梢部分整形展开。

（b）整合成树干与树梢形态

将纤维棉展开平整。

（c）展开纤维棉

在纤维棉表面涂抹模型胶后，粘贴至树梢上。

（d）粘贴纤维棉

在纤维棉表面喷涂经过稀释后的白乳胶，撒上绿色泡沫树粉。

（e）粘贴树粉

完成后可以继续拉扯纤维棉，让树的形态更加丰富、自然。

（f）制作完成

图4-28　电线树制作

纤维棉　ϕ1mm软质铁丝

（a）准备材料

将铁丝对折并拧成麻花状。

（b）铁丝整形

将树梢部位用钳子拉开，并相互组合，拧成麻花状。

（c）钳子加工

图4-29　铁丝树制作

（d）树形完成

（e）展开纤维棉

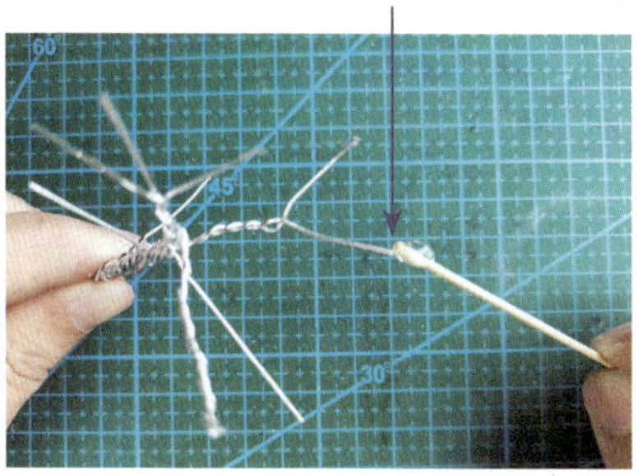

（f）涂抹模型胶

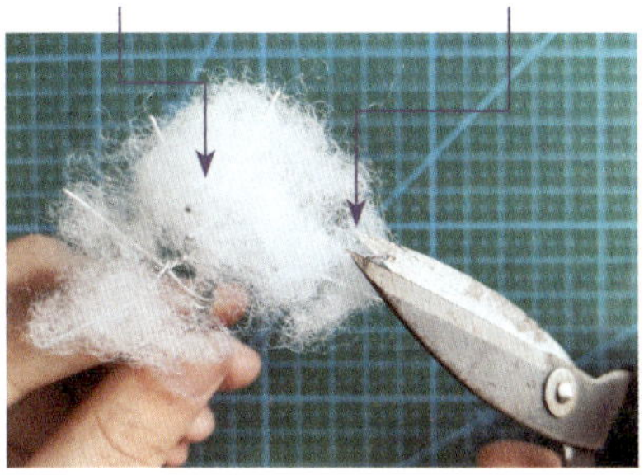

（g）纤维棉缠绕树干

（h）粘贴泡沫草粉

（i）制作完成

图4-29　铁丝树制作（续）

4.5　涂装方法

建筑模型中的涂装主要适用于特殊形体构造加工。由于这些模型构件无法购买成品件，需要特殊加工，完成后的形体还需要经过精心涂装。建筑模型构件表面多采用丙烯颜料、自动喷漆涂装，再搭配砂纸打磨，可形成比较平整、完善的涂装表面。

4.5.1　涂装基础方法

1. 平喷漆

采用白色丙烯颜料对粗糙的模型构件表面进行涂抹，并用800#细砂纸打磨平整，形成光洁的表面，再进行喷涂（图4-30）。

（a）涂抹丙烯颜料　（b）砂纸打磨平整　（c）喷涂完成

图4-30　平喷漆

2. 有色补平

将丙烯颜料调配成所需颜色，加入适量白乳胶与水，稀释后搅拌均匀；对粗糙的模型构件表面进行涂抹，并用800#细砂纸打磨平整，形成光洁的表面（图4-31）。

4.5.2　涂装修补方法

采用模型专用补土可修补厚实且特别粗糙的模型构件，常用于修补具有复古或怀旧风格的建筑模型构件；还需在修补的基础上，再进行着色、喷涂、勾划等处理（图4-32）。

4.5.3　金属标牌涂装

采用丙烯颜料对金属标牌进行涂装可使标牌在建筑模型场景中的风格保持一致。单独进行喷涂会显得很单薄，遮盖能力有限；可以采用经过稀释的丙烯颜料涂装后，再进行着色或喷涂处理（图4-33）。

（a）调配丙烯颜料　（b）砂纸打磨平整　（c）制作完成

图4-31　有色补平

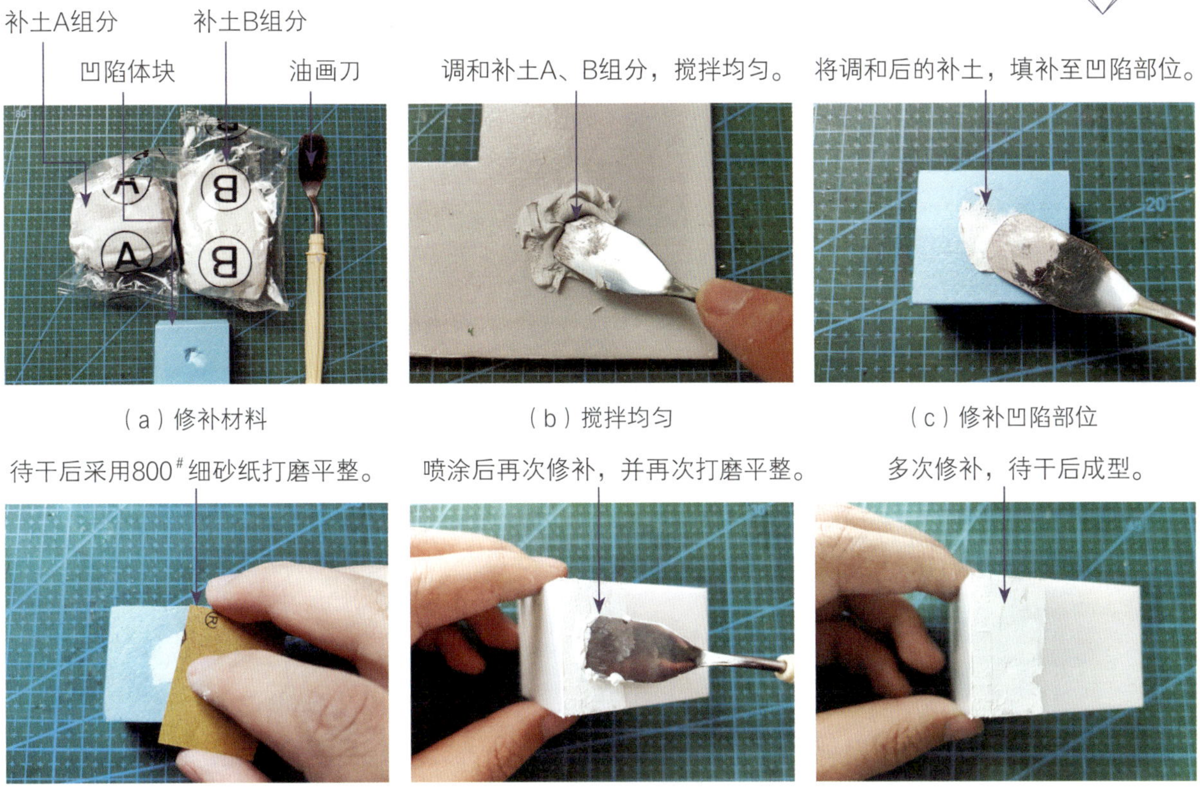

（a）修补材料　（b）搅拌均匀　（c）修补凹陷部位

（d）砂纸打磨　（e）喷涂后修补　（f）制作完成

图4-32　涂装修补

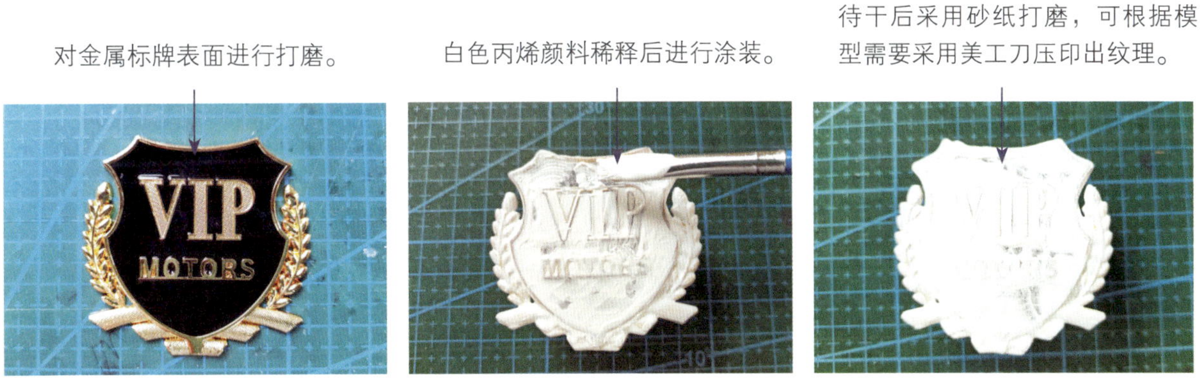

（a）砂纸打磨　（b）颜料涂装　（c）压印划痕纹理

图4-33　金属标牌涂装

4.5.4　玻璃边缘涂装

由于透明有机玻璃板无任何色相倾向，为表现建筑模型中的绿色玻璃，应当在透明有机玻璃板较厚的边缘着色，使光线透过侧面，达到影响表面效果的目的（图4-34）。

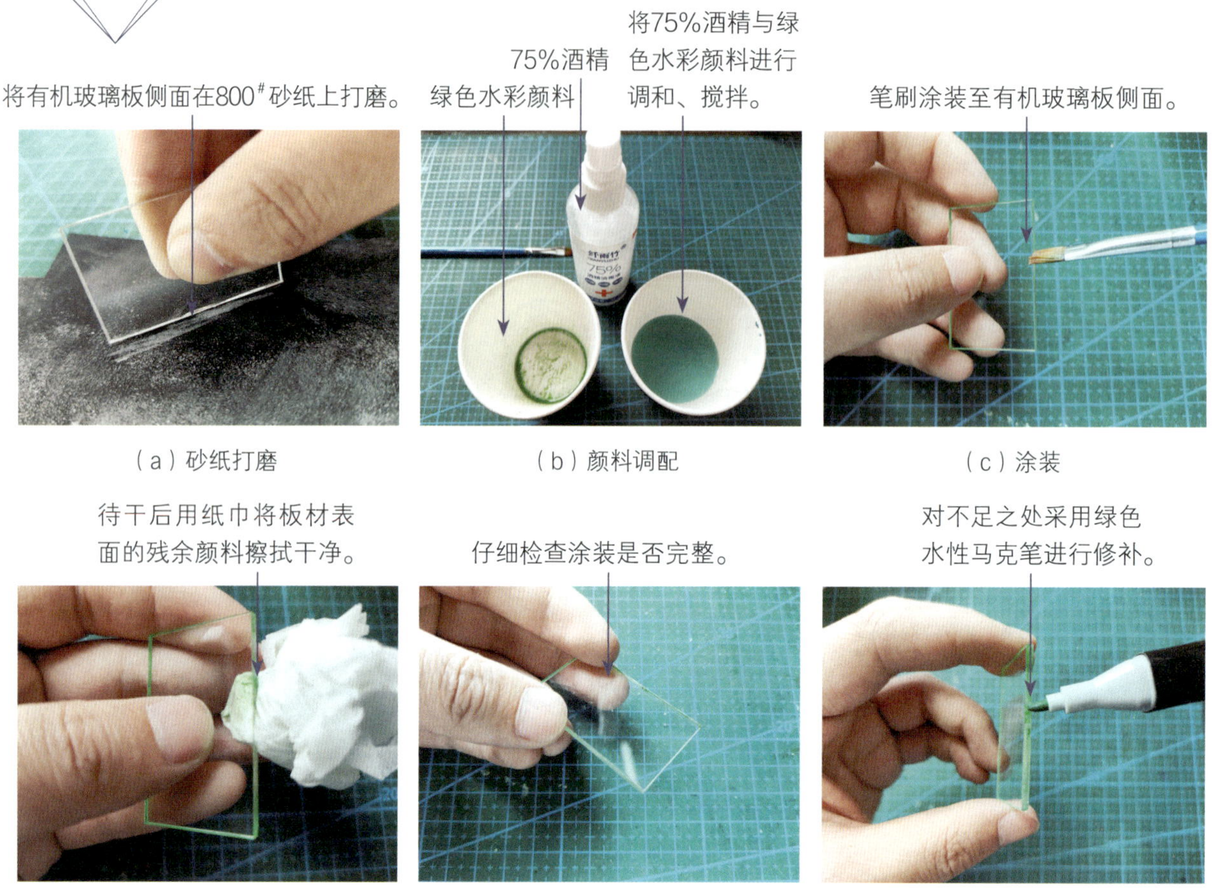

（a）砂纸打磨　（b）颜料调配　（c）涂装

（d）擦拭　（e）检查外观　（f）强化修补

图4-34　玻璃边缘涂装

4.6　纹理饰面贴纸方法

建筑模型中的复杂纹理需要图片进行表现。这些图片可以购买成品贴纸，也可以通过计算机绘图软件绘制后再打印；将这些纸质图片粘贴到模型构件上，可形成比较真实的装饰效果，适用于精致的商业展示模型制作。

4.6.1　木地板成品贴纸制作

木地板纹理细腻，可以根据需要购买成品装饰纸；再将纸张裁切后逐一粘贴到板材上，形成比较真实的地板缝隙与纹理（图4-35）。

4.6.2　图形贴纸打印

由于不易直接买到满足要求的图形纹理装饰贴纸，因此对纹理、图样、比例有更高要求的建筑模型，还需要自行设计绘制图形贴纸。下面以Photoshop软件操作为例，介绍图形贴纸的制作方法（图4-36）。

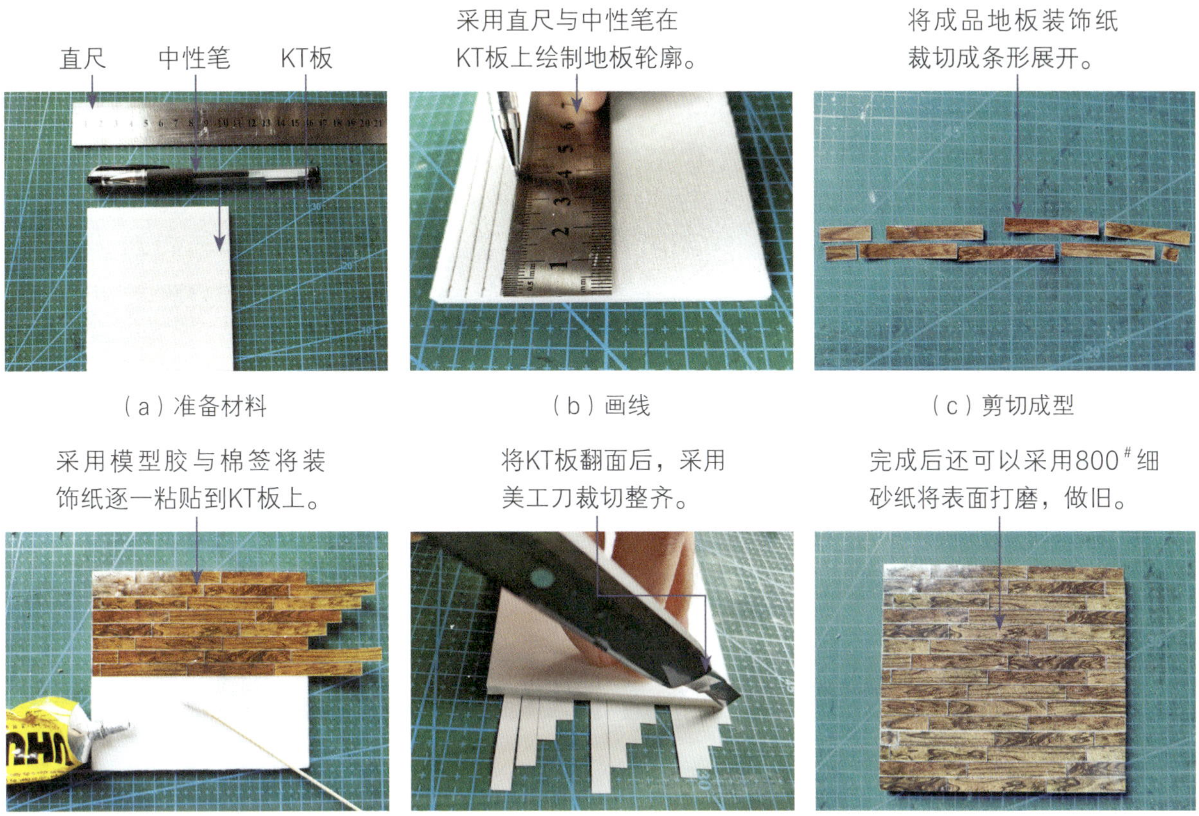

（a）准备材料　（b）画线　（c）剪切成型

（d）逐一粘贴　（e）裁切　（f）制作完成

图4-35　木地板成品贴纸制作

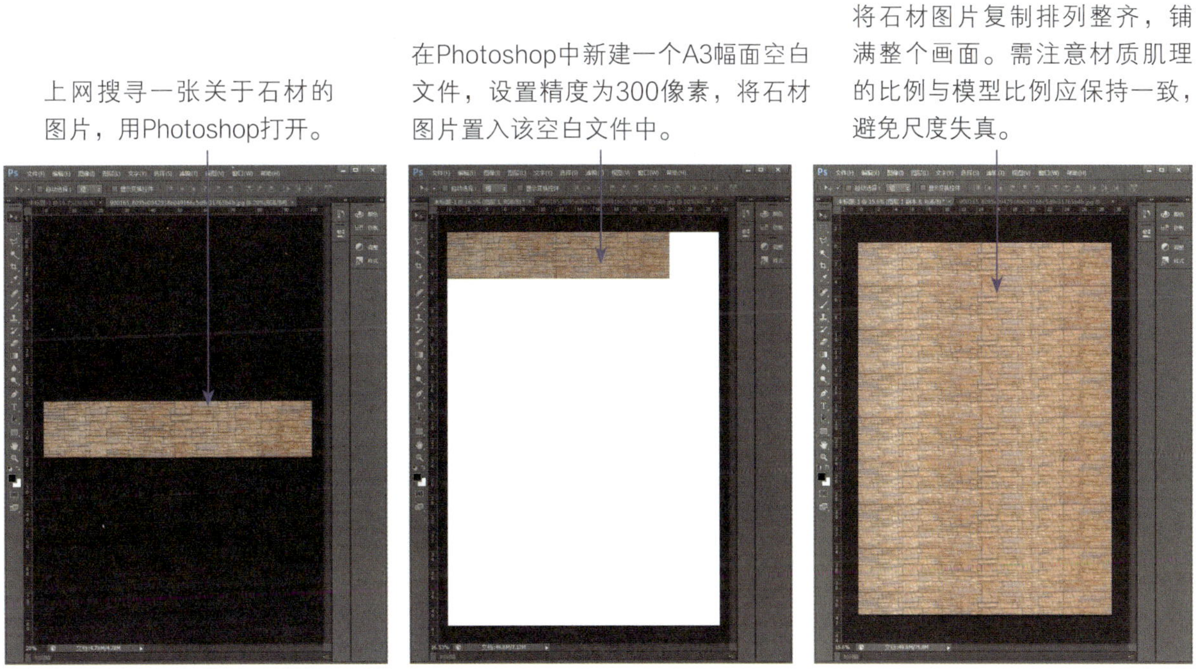

（a）打开图片　（b）置入空白文件　（c）复制铺满

图4-36　图形贴纸制作

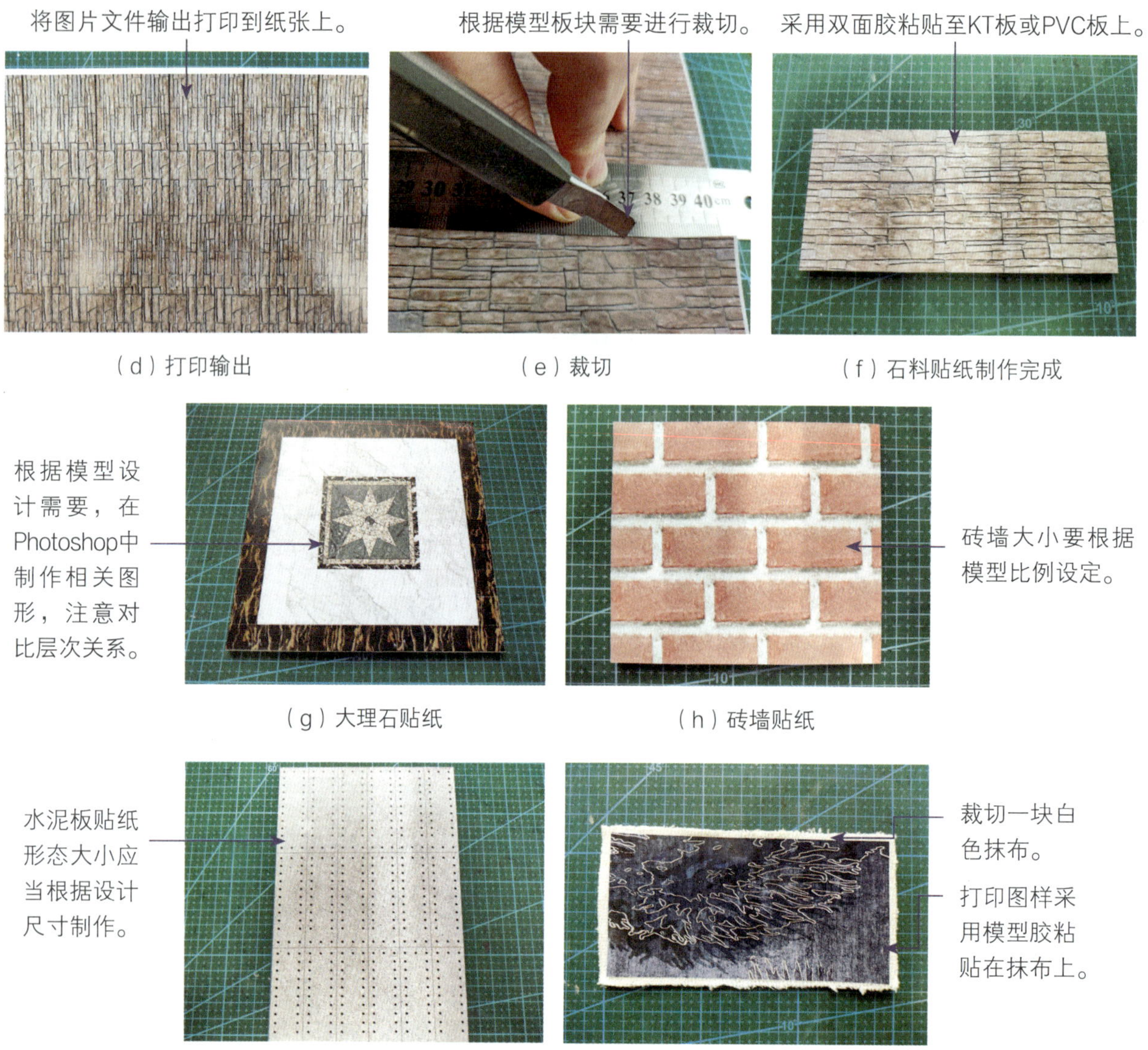

（d）打印输出　（e）裁切　（f）石料贴纸制作完成

（g）大理石贴纸　（h）砖墙贴纸

（i）水泥板贴纸　（j）地毯贴纸

图4-36　图形贴纸制作（续）

4.7　植被制作方法

建筑模型中会用到很多植被构件，下面详细介绍几种简单、高效的植被构件制作方法，供建筑模型制作时批量加工使用；所用材料简单廉价，能降低建筑模型制作成本。

4.7.1　花卉灌木制作

1. 石楠制作

采用海绵为基础材料，将红、绿色自动喷漆喷涂至海绵表面，碾压成碎末后，粘贴在海绵体块上完成制作（图4-37）。

2. 杜鹃花制作

购买成品彩色泡沫粉能轻松制作出花卉灌木，彩色泡沫粉质地均匀细腻，粘贴牢固度更高，适用于多种绿化植物、花卉制作（图4-38）。

海绵切割成型后喷涂红色自动喷漆。

（a）海绵喷漆

将红色海绵碾压成碎末，或用剪刀剪成碎末，可进行多次喷涂和碾压。

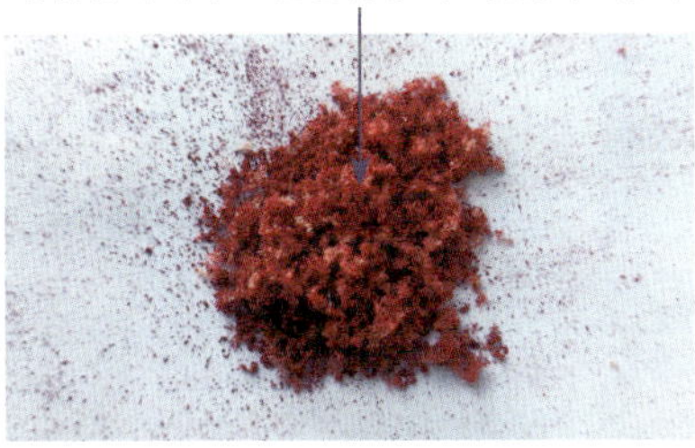

（b）碾压成碎末

海绵切割成型后喷涂绿色自动喷漆，并涂装模型胶。

（c）涂抹模型胶

将红色碎末撒在涂有模型胶的绿色海绵上端。

（d）粘贴碎末

完成后晾干，根据需要补胶、补粘。

（e）制作完成

图4-37　石楠制作

粉红色泡沫粉

成品绿色粉末

（a）成品彩色泡沫粉

涂抹模型胶

圆形泡沫球体

（b）球体粘贴绿色泡沫粉

将粉红色泡沫粉撒在绿色球体表面。

（c）粘贴粉红色泡沫粉

完成后晾干，根据需要补胶、补粘。

（d）制作完成

图4-38　杜鹃花制作

3. 草坪灌木组合制作

草坪与灌木相互组合能形成建筑模型室外布景，制作方法多样；主要通过分层粘贴后组合而成，可以选用部分成品件与部分自制件相结合，形式多样（图4-39）。

4.7.2 乔木制作

1. 满天星树木制作

满天星是能直接购买到的干花品种，将其展开后粘贴绿色泡沫粉，就能快速制作出绿化乔木（图4-40）。

（a）形体绘制　（b）纸张　（c）涂刷白乳胶

（d）粘贴绿色粉末　（e）铺装整齐　（f）搭配其他成品绿化件

图4-39　草坪灌木组合制作

（a）满天星干花成品　（b）展开分叉

图4-40　满天星树木制作

（c）粘贴绿色泡沫粉

（d）制作完成

图4-40　满天星树木制作（续）

（a）展开

（b）整形剪切

（c）粘贴至木杆上

（d）粘贴绿色泡沫粉

（e）制作完成

图4-41　钢丝绒树木制作

2. 钢丝绒树木制作

钢丝绒是日常保洁擦除用品，比钢丝球更细，由钢丝密集缠绕组成，具有固化成型的特性；将其包裹在牙签或木杆上，可为粘贴各种泡沫粉或其他粉末提供方便（图4-41）。

3. 防震棉树木制作

防震棉主要用于物品的包装，起到缓冲和保护作用，现在可被用于制作建筑模型中的树木（图4-42）。

4. 纸张剪贴树木制作

采用纸张绘制图形后，剪切阔叶树形态，也是简单实用的树木制作方法；树干也可以采用同色纸张缠绕、粘贴至细塑料杆表面，达到统一的视觉效果（图4-43）。

（a）裁切防震棉

（b）修剪成型

（c）粘贴绿色泡沫粉

（d）制作完成

图4-42　防震棉树木制作

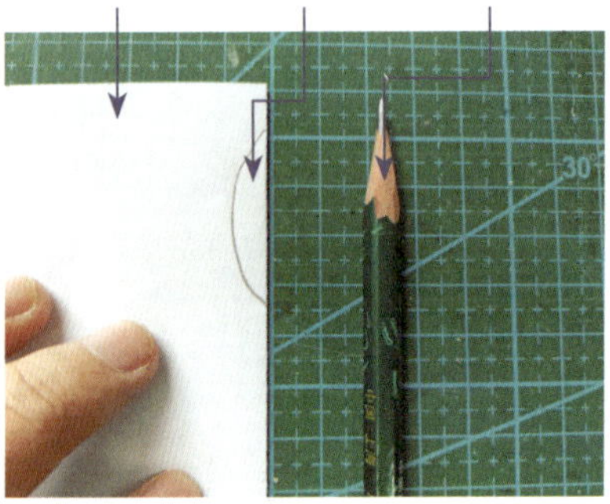

（a）绘制图形

（b）裁切

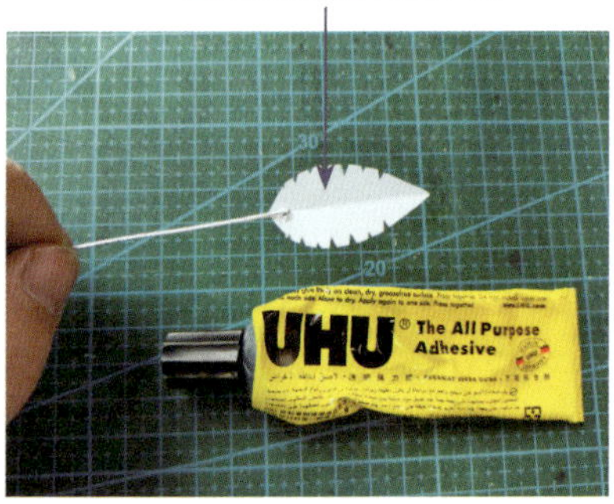

（c）制作完成

（d）逐一粘贴

（e）制作完成

图4-43　纸张剪贴树木制作

4.8　手工建筑模型的意义

建筑模型除了用于向外界展示最终的设计成果外，另一个很重要的作用是作为设计阶段的一种方法和工具。与计算机建模相比，实体建筑模型能够更加真实地反映三维空间，呈现不同材料的组织及建构逻辑，制作过程也更加自由、符合设计师的创作习惯。设计师通过手工模型制作，能够快速地梳理设计逻辑、推敲设计要素、检验设计效果。因此，对于建筑类和设计类的学生来说，学习制作手工建筑模型进行设计是十分重要的。

4.8.1　利用概念草模表达设计概念

在设计初期进行方案的概念构思时，设计师要将大脑中的创意快速地表达出来。通过概念草模，可以快速地将理念性的概念转变为实体形态，梳理和呈现设计师的概念逻辑，也有助于将设计概念逐渐落实为真实的建筑方案。在制作概念草模时，需要注意摒除掉与设计概念无关的冗余信息，突出要表达的概念内容，减少模型制作的时间，提高模型工作的效率（图4-44）。

4.8.2　利用推敲模型进行多方案比较

在对建筑重点部位进行设计时，设计师要对设计的尺寸、比例进行精细

（a）利用木棒和混凝土制作概念草模（杨骐）

（b）利用竹片和聚乙烯发泡棉制作概念草模（尹皓）

图4-44　概念草模表达设计概念

化推敲，来判断到底哪一个取值能达到最佳效果。通过利用推敲模型进行多方案比较，设计师能够直观地对比同一个设计要素的不同变化造成的设计效果的优劣。需要注意的是，每一组推敲模型应聚焦于同一个设计要素或者设计策略的推敲，而其他设计要素应保持不变（图4-45）。

4.8.3　利用空间模型检验空间尺度及效果

在空间设计时，设计师需要对提出的空间设计策略和创意进行检验。例如，在设计时希望营造光影变化的室内空间，我们如何判断空间的真实光影效果呢？通过空间模型的设计与制作，结合对建筑模型的观察和体验，必要时可以通过微型摄像头拍照的方式，呈现建筑模型的内部空间，获得尽可能真实的空间体验。在这类模型制作时，关键是精准地制作出符合真实建筑要素比例的模型构件，并且以接近自然光的平行光源及入射角度照射模型，以同样比例的人的视角去观察和体验，避免尺度错误（图4-46）。

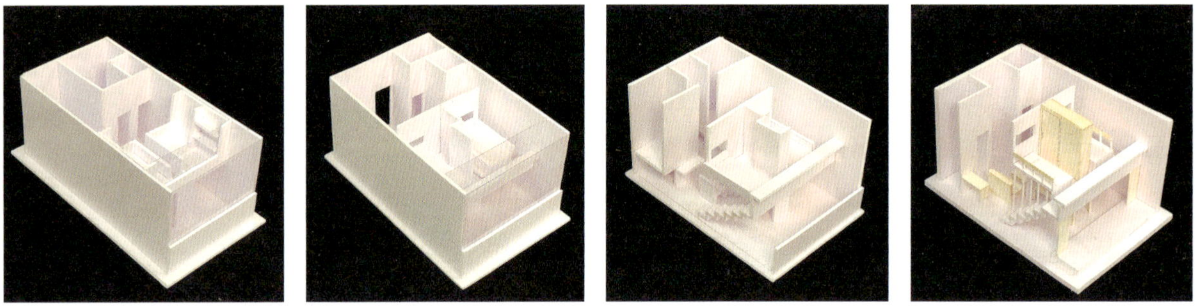

图4-45　利用推敲模型进行多方案比较（周亦晴）

（a）检验建筑表皮和弧形墙体的光影效果（蔡皓明）

（b）检验倾斜墙体对空间的限定和引导（解锋）

图4-46　建筑模型的内部空间体验

图4-46（a）：棉线、卡纸材料

图4-46（b）：KT板材料

本章小结

建筑模型构件的制作方法非常多，应当根据设计要求选择制作材料与方法。可购买成品构件直接粘贴。但是，设计师动手制作模型构件本身也是激发设计灵感、梳理设计思路、表达设计创意的过程，此外，大型建筑模型中对配件的需求量很大，手工制作可以有效降低制作成本。通过本章内容，读者能掌握一系列高效、基础的建筑模型制作方法；希望在学习中对上述方法反复练习，掌握熟练的操作技巧，建立丰富的模型材料搭配经验，为之后正式的模型制作打好基础。

课后练习

1. 对材料进行切割的准备工作有哪些?
2. 聚苯乙烯泡沫切割时，会使用到哪些工具?
3. KT板的弯曲造型有几种表达形式?
4. 图形纹理贴纸在制作上需要注意哪些方面?
5. 自主制作完成一组绿化植被。
6. 自主设计一个标识标牌，并对它进行涂装设计。作业数量：将收集的资料和设计方案汇总到PPT中，上课进行展示分享。建议完成课时：4课时。
7. 实地考察当地红色主题风景区，观察其建筑景观模型，思考其中场地的地形起伏或建筑造型是如何制作而成的。

第5章

高级制作方法

识读难度：★★★★☆
重点概念：材料选择、比例、切割、钻孔、连接、装饰、电路、拍摄与留存

章节导读

建筑模型制作非常注重对细节的塑造，制作者需要熟读与建筑模型相关的设计图纸，并了解清楚制作材料的特性，理清建筑模型中各元素之间的比例关系和空间透视关系，并掌握精湛的制作技能，才能完整地、艺术性地呈现出有特色、有品质的建筑模型作品。这需要制作者具有耐心和高超的专业素养，同时还要熟练运用各种设备工具来提高制作精度（图5-1）。

图5-1　建筑模型打印机

图5-1：各类建筑模型制作设备非常多。打印机是一种快速打印设备，可在已经制作出立体构造的模型构件上打印出简单的文字、图案。该设备适用于建筑外墙、标识构造的小面积文字打印，如建筑模型楼栋编号、门牌号、指示路牌等。

5.1　材料选择

合适的材料能赋予建筑模型更强的表现力，选择材料时要根据建筑模型制作环境和制作目的进行选择。

5.1.1　制作环境

不同材料决定了不同制作工艺，在制作之初，要根据建筑模型的制作环

境来选择合适的制作材料，从而确定应当采用何种制作工艺。

1. 手工切割环境

在手工切割环境下，可以选择质地较薄的软质材料，如普通纸质材料、木质材料、塑料薄板、白色PVC发泡板（雪弗板）、棒材等。这类材料可通过手工操作工具加工，成为所需的零部件。如果要利用这类材料制作支撑性较强的构件，则可以将该类材料多层叠加，或在材料之中添加夹层，以此达到增强构件硬度的目的（图5-2）。

2. 机械切割环境

在机械切割环境下，可以选择硬度较高的木板、ABS板、PVC板等制作建筑模型，可使用切割机切割材料（图5-3）。

（a）色卡纸

（b）质地较薄的木板

图5-2 手工切割环境下的材料

图5-2（a）：色卡纸与薄板价格较低，能用美工刀裁切，采用模型胶粘贴，简单快速。

图5-2（b）：薄的木板厚度多为1～2mm，采用勾刀裁切。

- 补充要点 -

数控切割

数控切割主要用于模型材料的计算机辅助加工。在使用数控切割机之前，要在专业绘图软件上绘制好切割材料线图，整理并确认无误后便可将绘制好的图形文件传输给数控机床。选择好合适的刀具，即可开始切割工作。切割时应当严格控制输出比例，让图形大小与模型板材大小相匹配，才能得到正确的切割构件。

（a）硬质木板

（b）ABS厚板

图5-3 机械切割环境下的材料

图5-3（a）：硬质木板必须采用机械切割，才能提升建筑模型的精细品质。

图5-3（b）：较厚的ABS材质板材，应当选用数控切割机或雕刻机切割。

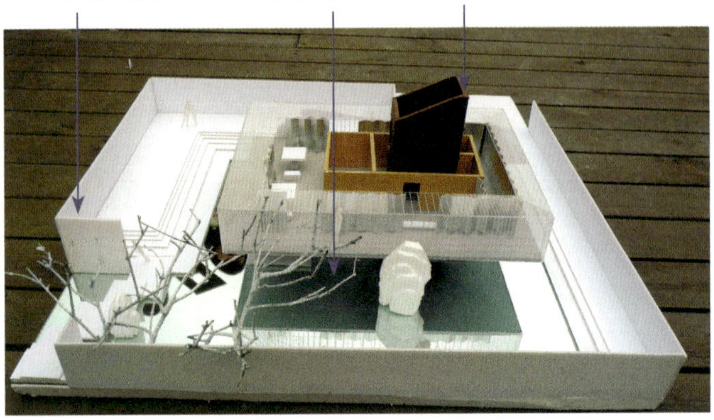

图5-4　用PVC发泡板制作的概念模型

图5-5　商业模型中用于展示水面制作的有机玻璃板

5.1.2　表现目的

不同质地、色彩、肌理等的材料，所营造的氛围也会有所不同，应当选择不同的制作材料。

1. 概念研究模型

概念研究模型是为了表现创新思想，凸显建筑与环境之间的空间关系。这类模型多会选用色彩比较单一的材料，如单色厚纸板、单色PS板、白色PVC发泡板、KT板等，材质轻薄，便于加工，能加工出多种造型（图5-4）。

2. 商业展示模型

商业展示模型是为了表现建筑丰富多变的色彩、灯光、肌理和相关配饰等内容，同时烘托出商业氛围。这类模型应选择色彩比较丰富的成品型材，如有机玻璃板、压纹ABS板等。虽然材料价格较高，但能够产生比较真实、华丽的视觉效果，为商家带来较高的经济价值（图5-5）。

5.2　比例缩放

在制作建筑模型的过程中，要正确选择缩放比例，从宏观和微观上同步考虑模型比例。在确定模型的整体形态、结构后，既要规范好设计内部细节，还要规范好相关配饰场景细节。不可在同一建筑模型中出现多种不同比例，这样会影响建筑物与周边环境和配景之间的关系，造成尺度错乱，最终影响呈现效果。

5.2.1　比例适用范围

（1）（1：50000）~（1：2000）。这种比例适用于城市规划模型、街区鸟瞰模型等，模型图纸中可以适当简化现实元素，从宏观角度展示设计特色（图5-6）。

（2）（1：2000）~（1：500）。这种比例适用

于绘制商业街区或住宅社区模型的设计图纸，能很好地表现出整片区域建筑的立体形态，同时也能强调建筑与周边环境的协调性（图5-7）。

（3）（1：500）~（1：200）。这种比例适用于制作大建筑模型，可以直接将建筑设计图纸中的平面图、剖面图和立面图转化成建筑模型。该模型既能表现出建筑结构的具体形态，也能表现出建筑整体与不同架空层之间的透视关系，对后期建筑的细节设计有很大帮助。

（4）（1：200）~（1：100）。这种比例适用于研究体积比较大的建筑模型中的细节与构造组件的特点，同时也能帮助设计师研究、分析建筑布局和空间特点，进一步处理好建筑中各类元素之间的关系。

（5）（1：100）~（1：50）。这种比例适用于单独表现建筑内部构造的细节特点或单一空间场景。

（6）（1：50）~（1：10）。这种比例适用于建筑中需要重点表现的细节部位或节点构造。

（7）（1：10）~（1：1）。这种比例适用于重点说明建筑中构件的组装形式，也可用于表现实际尺寸较小的单体建筑。

图5-6　城市规划模型

图5-7　商业街区模型

图5-6：1：50000的比例适用于城市区域规划模型，模型中的建筑构造没有必要表现门窗，甚至会将多个小型建筑融合为一体。

图5-7：1：2000的比例适用于商业地产模型，能轻松安装灯具，同时各种植物配景可以购买到成品件，提高模型的制作效率。

－补充要点－

建筑模型设计制作人员

建筑模型制作人员的工作是熟读建筑模型设计图纸，分析并理解建筑师的设计思想和设计意图，然后选择合适的材料进行加工。在模型制作过程中，要富有耐心，具备严谨的工作态度，注意保证模型缩放比例的正确性。

目前在我国，从事建筑模型制作的人员高达上百万。其中，很多模型制作人员是从事实物建筑模型制作，具体工作人数高达50万。在这些人员中，约70%的专业制作人员就职于各类模型制作公司。

不能简单地把建筑模型的设计与制作只视为模型制作公司的工作。在建筑与环境设计中，设计师常常要使用建筑模型进行设计推敲和研究、探讨设计概念、检验设计效果，因此每一个设计师都必须学习和掌握建筑模型设计制作的技巧。

5.2.2 影响因素

合适的比例才能创造良好的视觉效果，应当从建筑模型的表现规模、材料特性、细节程度等因素来决定选择哪一种比例。

1. 表现规模

建筑模型的表现规模是指建筑模型所具有的不同的预期体积，模型的规模大小主要会受到制作技术、制作资金、制作场地等多方面限制。在制作建筑模型之前，为了确保能够获得比较合理的制作比例，应当提前确定好模型体积范围，作为比例选择的参考。

2. 材料特性

建筑模型制作材料有不同的特性，这些特性对比例的选择有一定影响（图5-8、图5-9）。

（1）材料因厚度不同而支撑强度不同，可用于不同比例的建筑模型；对于大体积建筑模型而言，可以通过叠加材料以增强模型结构支撑力。

（2）质地较软的材料具有比较强的弯曲能力，能够进行压缩和深加工，适用于体积较小的建筑模型。

（3）材料呈现形式对于模型比例也有影响。通常PS板材（或块材）能够通过切割机加工模型所需的各种形体，可满足各种不同的制作要求，适用于比例为1：2000以上的建筑规划模型。

3. 细节精细程度

建筑模型所要表现的细节精细程度不同，所选择的比例也会有所不同。

（1）单体建筑较多时，倾向于选择较小的比例，所展示的单体建筑体积相应也会较小；建筑细节部位相对来说，就不会绘制太详细。

（2）重点表现单体建筑物时，倾向于选择较大的比例，所展示的建筑模型体积会较大；建筑的细部构造也会制作得比较详细（图5-10）。

（3）如果部分建筑模型需用杆状形体，则要根据模型细节的深化程度来决定如何设定比例尺。

（4）选择建筑模型比例时还要考虑到模型内家具、树木、车辆、人物等配景的展示效果。

图5-8 规模较大的住宅模型（比例为1：1000）

图5-9 建筑模型叠加双层板材（比例为1：100；李珊珊）

图5-8：当规模较大时，应当考虑选用较小的比例制作；同时，还要严格控制细节，可采用3D打印或ABS材质雕刻机制作出建筑的门窗形态与数量。

图5-9：如果选择木质薄板，加工后平整度低，虽然选用了双层叠加，但是对细节的塑造很难深入。

（a）背部鸟瞰

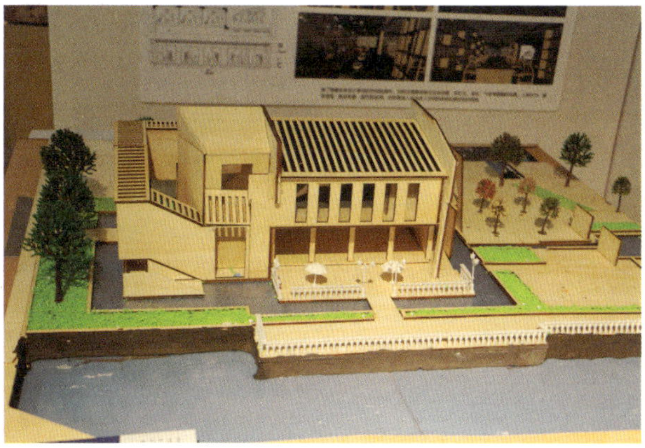

（b）正面

图5-10　建筑模型中的配景（比例为1：100；张博）

图5-10（a）：建筑模型主体结构的细节表现与周边环境应当保持一致，木质单板经过机械雕刻、组装完毕后，可根据建筑造型细节来添加配景。

图5-10（b）：建筑模型比例设定后，要根据模型比例选购、制作比例相同的配件，如栏杆、户外家具、树木等，形成统一的视觉效果。

5.3　原位切割

在第4章中，已经介绍了几种简单模型材料的切割方法。在熟悉基本操作后，接下来需要根据设计图纸精确绘制模型轮廓参考线，再进行切割；绘制图线时，可借助直尺、三角尺（三角板）等工具。

5.3.1　分析图纸后再定位

在定位之前，要分析建筑模型的设计图纸，再将其拓印或复制至模型制作材料上。由于制作建筑模型的材料种类比较丰富，呈现形态也比较丰富，有梯形、矩形、正方形等。因此，在定位时要明确切割位置，所绘制的切割轮廓线要与型材的边缘间隔约10mm，要充分考虑切割损耗空间（图5-11）。

5.3.2　根据材料质地选择切割方式

切割建筑模型材料时需要制作者具有比较强的耐心、静心和细心。在切割之前，必须明确不同的材料有着不同的质地，所选择的切割方式也会有所不同。常用的切割方式包括手工裁切、手工锯切、机械切割以及数控切割等几种。

1. 手工裁切

手工裁切主要依靠裁纸刀、勾刀等刀具切割建筑模型材料。在裁切时还会选用直尺、三角尺等辅助定型。这种切割方式可用于切割各种纸质材料、塑料及质地较薄的木片。

裁切质地较薄的纸材和透明胶片时可选择小裁

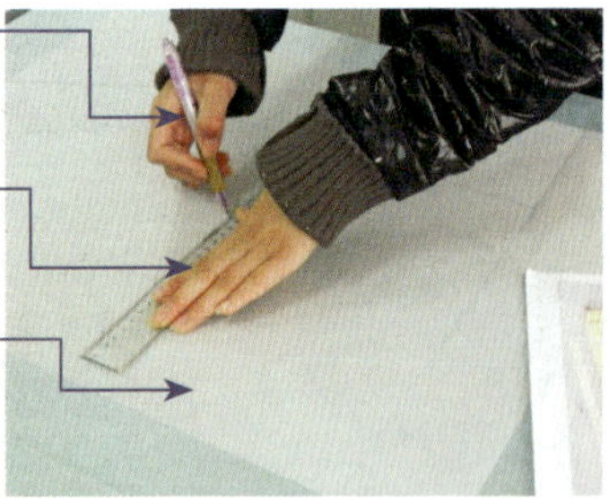

（a）画线

（b）木条轮廓处理

图5-11　建筑模型定位

纸刀；质地较硬的硬质纸板、聚苯乙烯（PS）板、PVC板等可选择大裁纸刀。切割时，要注意手部安全；要掌握好裁切的速度和力度，裁切角度也要控制好。对于质地较硬的材料可多次裁切（图5-12～图5-14）。

无论是裁切质地较软还是质地较硬的材料，都要根据材料表面的纹理进行切割。切割时，要稳定好材料；要确保刀具时刻保持锋利的状态；一次要裁切好的材料尺寸范围也要提前确定好，应根据设计图纸做好相应的裁切规划（图5-15）。

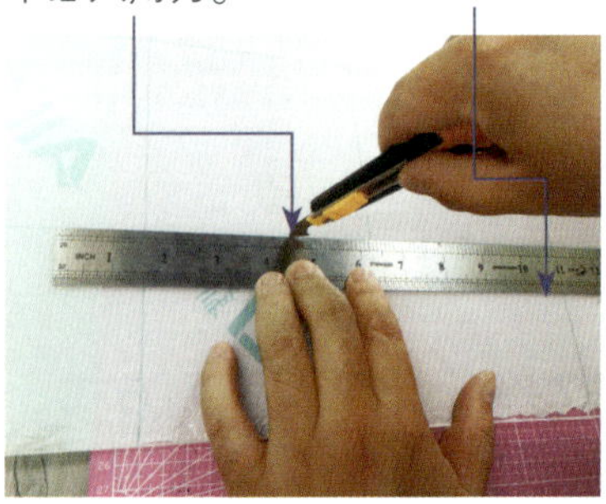

图5-12　手工裁切塑料板

图5-13　手工裁切薄木板

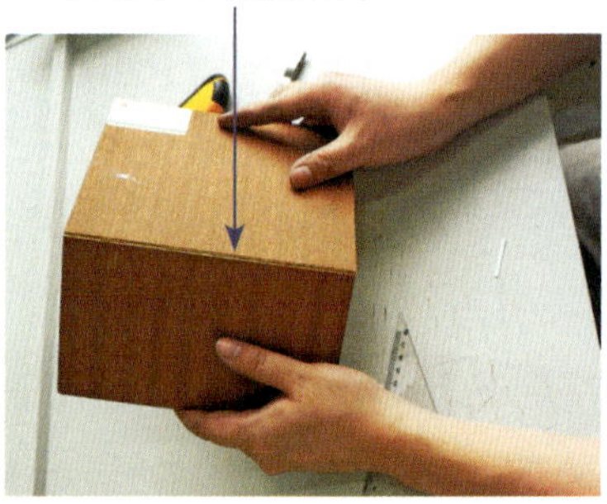

图5-14　手工掰开薄木板

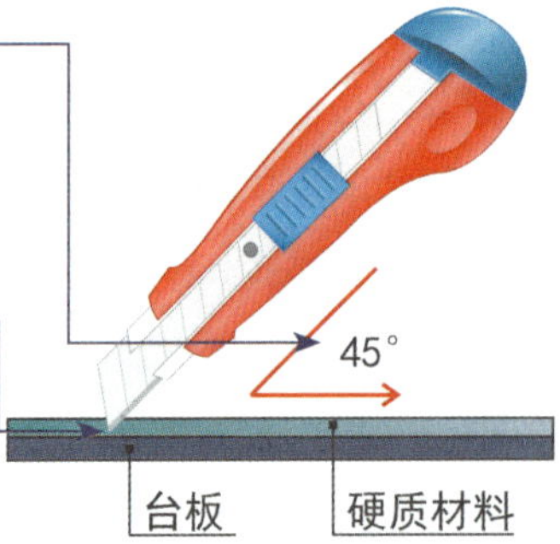

（a）裁切硬质材料

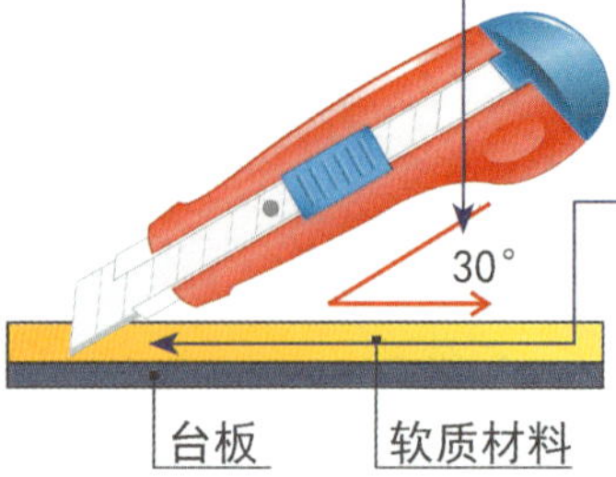

（b）裁切软质材料

图5-15　美工刀裁切角

2. 手工锯切

手工锯切主要是用手工锯锯切一些质地比较坚硬的材料。比较常见的手工锯切工具包括木工锯和钢锯。其中，木工锯锯齿比较大，可用于锯切木芯板、纤维板及实木板等板材；钢锯锯齿比较小，可用于锯切塑料、金属等型材。

在手工锯切材料之前要精准定位，应预留出合适的损耗空间。一般木材的损耗宽度为1.5~2mm，金属和塑料的损耗宽度为1mm。锯切时要固定好材料，要控制好锯切速度和力度，针对不同厚度的材料，要选择不同的锯切幅度；材料锯切完成后，要记得做好锯切面打磨（图5-16、图5-17）。

3. 机械切割

机械切割主要是利用电动机械切割建筑模型材料。常见的机械切割工具包括曲线切割机和多功能切割机。曲线切割机可用于任意形态的曲线切割，使用频率比较高，多用于切割木质板材、厚ABS板材等。多功能切割机可用于直线切割，主要是使用高速运转的锯条切割模型材料；可用于切割塑料、金属及木材等材料（图5-18）。

图5-16 单手锯切木质棒材

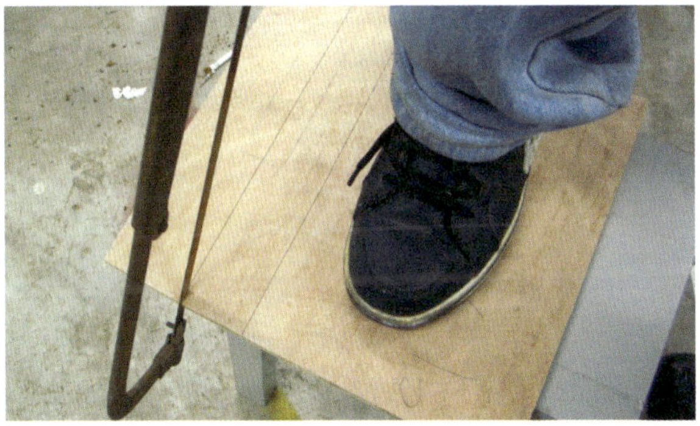

图5-17 脚踩板材并锯切

图5-16：软质木料选用小型手工锯，锯切速度缓慢，可防止型材劈裂或产生毛边。

图5-17：硬质木料选用中大型手工锯，锯切速度快且有力，能提高锯切效率。

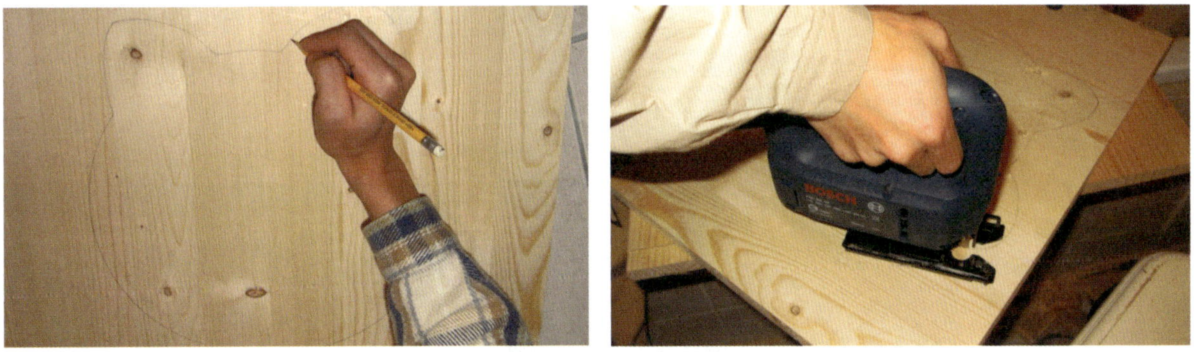

（a）在板材上画曲线　　（b）使用切割机沿轮廓切割

图5-18 机械曲线切割

图5-18（a）：采用硬质铅笔在板材上画线，避免线条过粗和过于明显，影响切割的准确度。

图5-18（b）：曲线切割机运行速度缓慢，需时刻检查切割轨迹是否偏离轮廓线。

5.4 开槽钻孔

开槽钻孔是建筑模型制作中比较重要的一项加工技能，它能辅助模型材料的切割，能够满足不同的制作需求。

5.4.1 不同材料的开槽方式

开槽是指在建筑模型材料的外表面开设内凹的槽口，它主要起到辅助模型材料切割、辅助模型安装、加深装饰效果等作用。

建筑模型制作中常见槽口的开设形式主要有V形、不规则形、半圆形以及方形等；KT板、PVC板、厚纸板等轻质型材可开V形槽口或方形槽口。

1. KT板开槽

KT板上开槽时，首先应当根据设计图纸在模型材料表面绘制需要开槽的轮廓，并绘制相应的参考线。注意预留出开槽损耗的空间，绘制时还需注意，一条内凹槽要绘制两条平行线，且这两条平行线之间的距离应当控制在5mm以内。

参考线绘制完毕即可使用相应的工具进行开槽。质地较薄的KT板可使用裁纸刀剪裁，可先沿内侧的轮廓线切割板材，然后再向外侧划切。注意这两次划切均应保持匀速，下刀力度及落刀深度也应保持一致；划痕端口尽量不要交错，以免划切不当，造成KT板被划穿。开槽完成的V形槽，可用来制作建筑模型的转角部位（图5-19）。

2. 其他硬质材料开槽

其他质地较硬的材料可使用切割机辅助开槽，也可使用槽切机床设备进行开槽。在使用切割机切割硬质材料表面之前，要确定好开槽的相关尺寸；要有耐心地慢慢推进材料，还要做好基础性安全防护工作，以免开槽时产生的碎屑飞入眼中（图5-20）。

5.4.2 根据设计选择孔径尺寸

钻孔时通常会使用钻孔工具如打孔钳和钻孔机进行模型材料的加工，应根据设计需要选择合适的孔径尺寸。

1. 钻孔工具

（1）打孔钳。其孔洞形状具有较多种规格，可满足建筑模型制作的各种需求。打孔钳常见的孔洞包括方形、圆形及多边形等。这类孔洞可用于电路照明、构造连接和穿插杆件等，也可用作建筑外部的门窗装饰（图5-21）。

图5-19：美工刀在KT板上的切入角度不必太准确，角度为30°～60°均能得到V形槽。

图5-20：小型台式切割机功率较小；推入板材的速度要缓慢，避免因速度过快产生偏移。

图5-19 KT板手工开V形槽

图5-20 使用机械切割机为纤维板开U形槽

图5-21　聚苯乙烯板手工钻孔

图5-22　纤维板机械钻孔

图5-21：采用1000#砂纸对不锈钢管的管口进行细致打磨，使其变得锋利；在板材上手工旋转，形成对应规格的孔洞。

图5-22：机械钻孔效率很高。提高钻孔质量的关键在于精准定位，可以预先做好标记，钻出定心孔，确认无误后再全部钻入。操作时，不可戴手套，以免手套被钻头绞入，对手指造成伤害。

（2）钻孔机。这种机械设备能够有效提高建筑模型制作的工作效率，主要用于质地较硬的型材表面钻孔；不适于质地较软的板材、棒材或块材表面的钻孔工作。在使用钻孔机钻孔时，要控制好加工速度，要做好基础性安全防护工作（图5-22）。

2. 孔径尺寸

在建筑模型制作过程中，更多会使用到圆孔和方孔。常见孔洞根据规格的不同，可分为微孔、小孔、中孔、大孔等几种。

（1）微孔。指直径或边长在1～2mm的孔洞，主要是通过使用比较尖锐的针锥钻凿型材所得。施工时，要确保钻凿所得的孔洞可以直接凿穿。

（2）小孔。指直径或边长在3～5mm的孔洞，先使用钻锥凿孔洞周边，然后再打通孔洞中央。注意完成钻孔后，应当及时选用磨砂棒或砂纸打磨孔洞内径。

（3）中孔。指直径或边长在6～20mm的孔洞，可使用不锈钢管、打孔钳、金属钢笔帽或者圆形瓶盖等来获得，但要注意不同厚度的材料需要选用不同的钻孔工具。

（4）大孔。指直径或边长不小于21mm的孔洞，可先使用比较尖锐的工具将孔洞中央刺穿，然后再慢慢向周边钻凿。钻凿结束之后，要用剪刀将材料边缘修整至平齐状态，最后再使用砂棒或者砂纸打磨孔洞内壁，使其处于一个平滑的状态。

5.5　构造连接与配景装饰

建筑模型零部件的连接方式较多，主要包括粘接、钉接、插接及复合连接等几种。粘接主要选用胶黏剂粘接结构；钉接主要是利用圆钉、枪钉及螺钉等将不同的结构钉接在一起；插接是利用材料加工后所具备的结构特点来彼此相互穿插，固定在一起；复合连接则是应用两种或两种以上的方式来将建筑模型的结构连接在一起。本节将重点讲述结构粘接的要点和后期装饰所包含的元素。

图5-23：打磨的目的在于获得干净且粗糙的粘接区域，注意打磨时不要减少材料的结构尺寸。操作时不可戴手套，以免手套被转盘绞入缝隙，对手指造成伤害。

图5-24：大面积材料粘贴不能只使用一种胶黏剂，至少要选用两种不同性质的胶黏剂。

图5-23　粘接前打磨

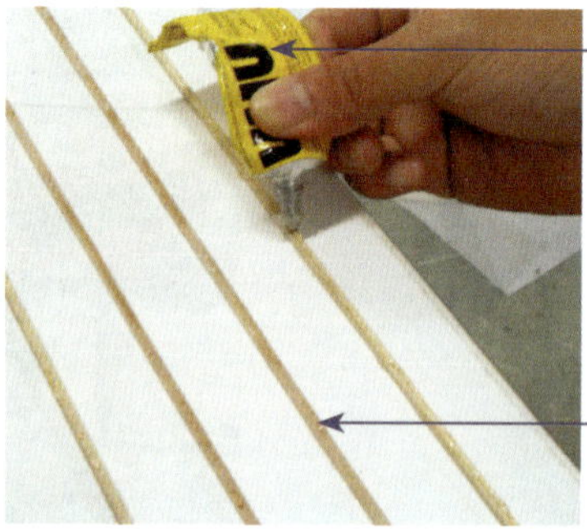

图5-24　涂抹胶黏剂

5.5.1　模型零部件结构粘接

建筑模型结构粘接的要点如下。

（1）选择合适的胶黏剂。不同的胶黏剂适用于不同特性的材料。透明强力胶多用于粘接纸质材料和塑料材料，这种材料黏性强、干固速度快；白乳胶多用于粘接木质材料；硅酮（学名为聚硅氧烷）玻璃胶多用于粘接玻璃材料或有机玻璃材料；502胶多用于塑料、金属及皮革等材料的粘接。

（2）做好基层处理。在使用胶黏剂粘接模型结构之前一定要将粘接部位清理干净，要保证粘接表面没有油污、污水、灰尘、粉末、胶水等。

（3）打磨粘接区域。粘接区域清理干净之后，可使用打磨机或砂纸打磨材料质地比较厚实的部位，一方面，可以更深入地清洁粘接区域；另一方面，也能有效增加粘接区域的摩擦面积，这样能帮助胶黏剂更好地与粘接区域连接在一起，粘接也会更加牢固（图5-23）。

（4）控制好涂抹量。每次涂抹量要能够完全覆盖住粘接区域，且涂抹应十分均匀（图5-24）。

5.5.2　建筑模型配景装饰

建筑模型配景装饰主要可用于装饰建筑模型，能够有效提高建筑模型的美感。常见配景装饰主要包括底盘、构件、地形道路、水景及绿化植物等（表5-1）。

表5-1　建筑模型配景装饰元素一览

装饰元素	分类	图示	特点与应用
底盘	聚苯乙烯板底盘		1. 质地较轻，韧性较好，不会轻易变形
			2. 不同厚度的聚苯乙烯板适用于不同边长的底盘，如厚度在25mm的聚苯乙烯板适用于底盘边长在600～900mm的建筑模型
			3. 成品聚苯乙烯板表面切割后比较粗糙，因此还需使用厚纸板或者其他装饰板材对其进行封边处理
			4. 电路设施能轻松穿插在聚苯乙烯板材中，加工方便

续表

装饰元素	分类	图示	特点与应用
	木质底盘		1．质地较厚，表面平整且纹理丰富，具有较好的胶黏材料耐受性，且不易变形；通常多选用厚度为15mm左右的木芯板、纤维板或实木板材制作
			2．装饰风格要与建筑模型的风格相统一，可在板材边缘适当钉接螺钉，以增强底盘的稳固性
			3．以金属材料或实木材料制作而成的建筑模型可选择实木底盘；由PVC板、纸板以及KT板等轻质材料制作而成的建筑模型可选择木质绘图板制作的底盘，这类底盘质地较轻，比较便于运输
			4．为了避免底盘变形，底盘边长大于1200mm的模型应当选择拼块的形式来制作底盘
构件	路牌	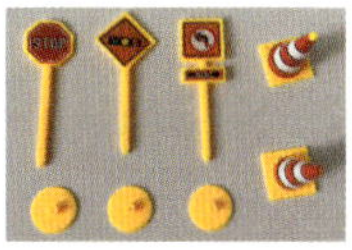	1．主要由路牌架和示意牌组成，要求具有一定的指向性和说明性，制作时要控制好比例，并调整好造型
			2．示意牌可使用厚纸板制作，小木杆和PVC材质杆可用于制作示意牌的支撑；牌上的图片可通过软件绘制，再打印粘贴到示意牌上
			3．路牌架可选用灰色；路牌上所绘制的示意图一定要符合国家的相关标准、规范，制作路牌的材料颜色也应当尽量与实际相符
	围栏		1．比例较小的围栏可通过软件绘制围栏形状，然后打印出来，将其粘贴到相应的材料上，并对其进行剪裁
			2．制作围栏的材料常见的有厚纸板、透明有机玻璃板、木质板材或ABS板
			3．制作围栏时要注意调节好栏杆横、纵方向上的平整度，围栏的体积要符合要求
			4．成品围栏真实性比较高，视觉效果比较好
	建筑小品		1．主要包括假山、雕塑等，这些装饰品在建筑模型中所占的比例较小
			2．具有比较好的装饰效果，可以购买成品模型，也可利用石膏、黏土或塑料、橡皮等制作部分造型简单的建筑小品
	家具、人物、车辆		1．家具、人物及车辆等构件体积较小，但真实性较高；能够有效提升建筑模型的整体视觉效果。可以购买成品
			2．家具、人物及车辆等构件的布局要合理，与主体建筑之间的比例关系要合理
地形道路	地形		1．这里多指等高线地形，可选用PVC板或KT板制作，注意选择合适的比例
			2．使用木质材料制作地形时，制作工序比较复杂，需要经过拓印、切割、堆叠等步骤一步步制作成型；为了增强地形的真实感，还可以在叠加的木板表面涂抹石膏或黏土材料
	道路		1．道路主要由绿化区域路网和建筑物路网组成；建筑物路网多为灰色，制作时要做好主路、辅路、人行道之间的划分
			2．可以用灰色即时贴来表示机动车道路，用白色即时贴来表示人行横道和人行道
			3．道路多以笔直铺设为主；待直线道路制作完毕后，再制作弧形或圆角转弯处

续表

装饰元素	分类	图示	特点与应用
水景	—		1. 小比例水景可直接用蓝色卡纸剪裁、粘贴而成，或将蓝色压花有机玻璃剪裁成设计所需，直接替代卡纸
			2. 大比例水景制作要表现出水面与路面的高度差，可先将底盘上的水面部分雕空，再粘贴有色有机玻璃板或透明有机玻璃板。注意使用透明有机玻璃板时，需粘贴蓝色皮纹纸或喷漆
绿化植物	绿地		1. 绿地在建筑模型中所占比例较大，色彩多为土绿色、橄榄绿色、深绿色或灰绿色
			2. 使用仿真草皮或草粉制作绿地时，要选择合适的胶黏剂，使用纸张制作绿地时要提前调好色
			3. 在不同材料制成的底盘上粘贴绿地时，要选择不同的胶黏剂，如木质底盘或纸质底盘可选用白乳胶或自动喷胶粘贴绿地；有机玻璃板底盘可选用双面胶或自动喷胶粘贴绿地
			4. 选择喷漆方式制作绿地时，注意选择正确的颜色；喷漆时要用纸张遮住不喷漆的区域，并封闭好纸张边缘
	树木		1. 可选用细孔泡沫塑料和大孔泡沫塑料制作树木；其中，大孔泡沫塑料密度比较小，更适合制作树木
			2. 比例较小的树木可制作成球状或锥状；球状代表阔叶树，锥状代表针叶树
			3. 用纸质材料制作树木时，要根据树木的尺寸和形状来剪裁；条件允许时还是尽量购买成品树木
	花坛		1. 选用大孔泡沫塑料或者绿地草粉制作花坛内部的填充材料时，可根据设计需要选择合适的色彩
			2. 可在花坛的边缘处设置一些小石子；石子可设置得随意些，这样花坛的自然感会更强，所营造的环境氛围也更别致
			3. 花坛的设计要与主体建筑的设计相统一，且花坛的色彩要具有层次感和变化

5.6 电路连接

电与光能够烘托出建筑模型的环境氛围，了解电路连接的相关知识能够更科学地将电与光结合在一起。

5.6.1 选择合适的电源

建筑模型中常用的电源可分为蓄电池与交流电源，在制作建筑模型时应当根据模型的设计要求、模型规模、模型设计特点等来选择合适的电源。

1. 蓄电池直流电源

建筑模型中常用的蓄电池主要分为铅酸电池、普通锂电池、太阳能电池板等（图5-25）。

（1）铅酸电池。铅酸电池具有比较长的供电

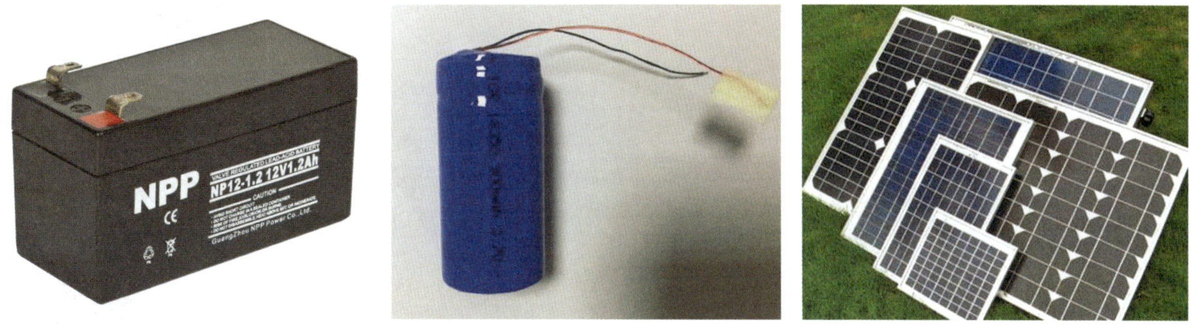

（a）铅酸电池　　（b）普通锂电池　　（c）太阳能电池板

图5-25　建筑模型中常用的蓄电池

图5-25：在现代建筑模型展示过程中，电池供电通常是为了应急，以保证突发断电状态下的正常供电。此外，中大型地产模型通常选用铅酸电池；锂电池仅用于建筑模型制作过程中的测试；太阳能电池板适用于户外临时展示。

能力，可反复使用；其供电电压为3～36V，使用时要注意用电安全。

（2）普通锂电池。这类电池适用范围比较广，安全系数比较高，单只电池的电压为3～12V。

（3）太阳能电池板。这是一种能将光能转换为电能的电源装置，可用于户外展示模型，应用比较灵活。

2. 交流电源

交流电源通常会选用220V的额定电压，交流电源能持续供电，且电压十分稳定。注意用电时要做好安全防护措施。在建筑模型制作中，交流电源多为功率较大的机械设备提供电能，如切割机、打磨机、铣床及电动钻孔工具等；部分小功率的概念模型也会用到交流电源。为了保证使用和制作的安全，可选择整流变压器来获得3～12V的直流电压。

5.6.2　符合情境的灯光照明

灯光是建筑模型中必备的要素，它能很好地烘托建筑模型的环境氛围，同时也能为建筑模型内部结构提供基础照明。

建筑模型中常用的照明方式有自发光照明、投射光照明和环境反射照明等，其中自发光照明是指从建筑模型内部产生光亮，从而达到为建筑模型照明的目的；投射光照明是指在建筑模型外部及周边产生光亮，然后投射到建筑模型上；环境反射照明则是在整个环境空间内设置环境光，以达到满足建筑模型照明的目的（图5-26、图5-27）。

图5-26　建筑模型自发光照明

图5-27　建筑模型投射光与环境反射综合照明

图5-26：自发光照明适用于周边环境较暗的展示现场，多用于商业地产楼盘建筑模型，可营造出神秘、典雅的视觉氛围。

图5-27：建筑模型投射光与环境反射综合照明适用于住宅小区楼盘建筑模型，可方便众多消费者从多角度评价楼盘品质，方便导购员讲解。

5.6.3 电烙铁焊接工艺

电烙铁是日常电器维修、电子产品制作的必备工具。在建筑模型制作中，多使用电烙铁焊接电子元件、电线等（图5-28、图5-29）。

图5-28：吸锡式电烙铁是综合活塞式吸锡器和电烙铁于一体的拆焊工具。该工具使用方便，适用范围较广，且自带电源。

图5-29：电烙铁在焊接时应注意焊接时间不应超过3s；应保证焊点焊接的牢固性，且锡点表面应圆滑，无明显毛刺。

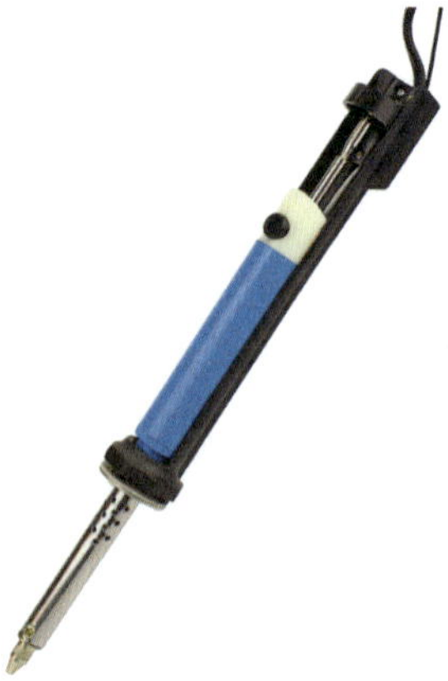
图5-28 吸锡式电烙铁

图5-29 电烙铁焊接

5.7 模型拍摄

建筑模型制作完成后，应当拍摄定稿照片，既可作为建筑模型的宣传照片，也能作为后期分析建筑模型设计特色的文件资料，拍摄时要特别注意构图。

5.7.1 拍摄模式与要素

要展示出建筑模型的设计特色，必须从不同角度拍摄建筑模型，所拍摄的照片既要能体现出模型整体面貌，又要能表现出局部细节。此外，在拍摄之前还需明确以下几点。

1. 拍摄模式

为了更好地拍摄出建筑模型的结构特点和设计特色，应当选择光圈优先的拍摄模式。这种模式在任何光照环境下都能清楚地表现出建筑模型的细节特点，包括材质特点和色彩特点等，这种模式也适合初学摄影的模型制作者。

2. 了解拍摄要素

在正式拍摄之前，要了解清楚“景深/色温与白平衡（WB）”“焦距与视角/设置构图”“设置曝光/曝光补偿”等的含义。

（1）景深/色温与白平衡（WB）。景深指相机的对焦范围，景深出现误差可能会导致模型局部虚化。此外，相机的白平衡功能也能够帮助更好地调整模型色彩，一旦白平衡失调，模型色彩可能会出现偏差。

（2）焦距与视角/设置构图。不同的焦距和视角所拍摄的建筑模型展现出来的透视关系和形态等也会有所不同。拍摄时，要根据拍摄内容选择最适合的焦距。

（3）设置曝光/曝光补偿。曝光过度可能会导致拍摄出来的照片发白，从而导致不能清晰且细致地表现建筑模型的特色。

5.7.2 合适的光源与构图

1. 布置光源

合适的光源能更清晰地展示建筑模型的形态特点。由于光线照射到建筑模型不同角度的表面时会产生明暗不均的反差效果，因此在拍摄建筑模型时，可利用光影效果来凸显建筑模型的立体感（图5-30）。

为了获得更好的拍摄效果，可以将主源灯布置在建筑模型的45°角处，这样模型照片的光影效果才会比较平衡；不应将光源布置在建筑模型的正上方，否则拍摄出来的建筑模型会有大面积的阴影，视觉效果较差。

2. 取景构图

拍摄建筑模型时，要确保模型始终处于画面的中心位置，画面的背景色彩要与建筑模型的主色彩相搭配。不同的建筑模型还需选择不同的构图形式，建筑内视模型和规划模型可选择对角鸟瞰拍摄；单体建筑模型可选择平视拍摄或近距离拍摄；概念建筑模型可选择拍摄模型的平面和立面效果（图5-31）。

5.7.3 全方位拍摄

拍摄一个中等体积的建筑模型，首先可以环绕一周观察最佳视角，以2～3张照片拍摄模型全貌；然后，在模型45°角与正面，对主体建筑构造拍摄1～2张照片；接着，对细节局部进行拍摄，具体拍摄数量根据细节复杂程度来定，多为3～8张。这时还可以考虑放低视角，以人视角度去拍摄。最后，环绕模型检查补拍遗漏的视角（图5-32）。

（a）角度较低的光源

（b）高度适中的光源

图5-30 角度合适的光源

图5-30（a）：光源高度较低会造成较长投影，可模拟出夕阳效果。

图5-30（b）：光源高度适中，利于将主要光线照射到建筑主要门窗立面上；照明采光充沛，观察清晰。

（a）鸟瞰拍摄（李佳、李心语）

（b）近距离拍摄（卢永健）

（c）内部拍摄（张若诗）

图5-31　合适的构图

图5-31（a）：鸟瞰模型具有一览全局的效果；但是缺乏细节表现，适用于单色模型表现光影。

图5-31（b）：近距离拍摄适合细节丰富的建筑模型，展现丰富的光影、空间和细部设计。

图5-31（c）：在建筑内部拍摄室内空间效果。地面：喷胶粘住砂砾后喷漆。光筒：有机玻璃。

（a）高鸟瞰全貌

（b）低鸟瞰全貌

图5-32：建筑模型的拍摄是先环绕建筑一周拍摄全景、鸟瞰视角，再对局部细节进行特写拍摄；拍摄数量根据建筑模型的复杂程度来定，注意可不断变换高低角度，穿插拍摄。

（c）建筑主体（一）

（d）建筑主体（二）

（e）场景局部（一）

（f）构造局部

（g）场景局部（二）

（h）场景局部（三）

图5-32　苏园古建·现代模型拍摄（李澜君、刘文雅）

5.8 深化制作方法

掌握建筑模型制作工艺是模型制作者必须经历的过程，只有通过理论分析和现场实践，制作者才能更好地利用制作材料，更好地雕琢出建筑模型的设计特色。

5.8.1 手工深化制作

建筑模型的部分手工深化制作工艺如图5-33、图5-34所示。

图5-33 切割材料

图5-34 熔接材料

图5-33：切割材料之前要绘制好参考线，要保证参考线绘制的准确性；同时，根据参考线切割材料时，可选用直尺或方形尺辅助切割，这样切割出来的材料表面会更平整。此外，切割工具的选择要根据材料硬度和规格来定，这样也能有效避免切割材料时出现材料断裂的情况。

图5-34：熔接材料主要是通过加热的方式将材料接合在一起，此处主要是使用日常生活中常见的打火机燃烧塑料胶棒，使塑料棒的端头熔化，从而与其他塑料材料连接在一起。在使用打火机时，要考虑到周边是否有其他易燃、易爆物品，室内通风情况如何等；燃烧塑料棒会产生刺鼻的有毒气体，操作时应戴上口罩。

– 补充要点 –

真水沙盘制作要点

真水沙盘必须具备水循环系统和流水灯光控制系统，这样能使其更具真实感和设计感，灯光与水面映衬的视觉美感也会更强。为了丰富水体效果，可用白蜡制作浪花和排浪，制作时要控制好浪花之间的间距；可在水面板材上喷涂不同的色彩，以丰富水体颜色。还可适当添加假山、石块、桥梁、船只、岛屿及亭榭等。这些小构件可以更好地丰富真水沙盘。此外，还可使用喷漆喷涂有机玻璃板，注意控制好喷涂量；银铜色喷漆与有机玻璃板搭配能够有效增强水面的反光效果（图5-35～图5-38）。

图5-35　建筑模型零部件风干

图5-36　建筑模型零部件打磨

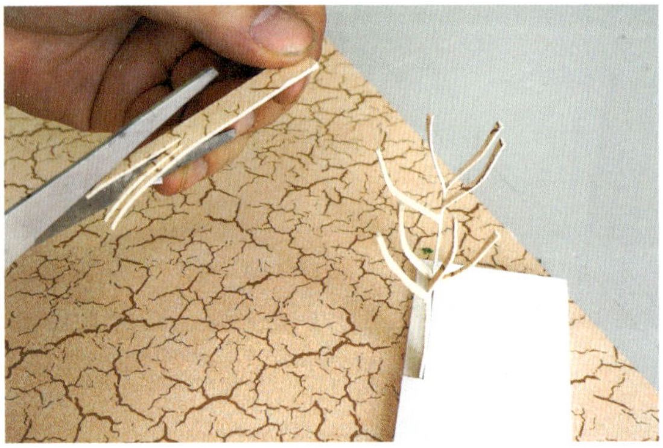

图5-37　模型零部件剪裁

图5-38　模型零部件内部打磨

图5-35：材料剪切成型后需要使用胶黏剂将其粘接在一起。为了加快制作进度，可以使用吹风机吹干建筑模型零部件的粘接部位，适当的热风也能使模型零部件之间粘接得更加紧密。

图5-36：建筑模型零部件组装成型后，为了使模型表面视觉感和触感更好，可使用砂纸或锉刀对其表面进行打磨；打磨或锉削时，要控制好力度；还要保持建筑模型表面平整，可多次打磨，直至达到设计标准。

图5-37：质地较软的材料，如纸板、薄PVC板、薄塑料板、薄木板等，都可使用剪刀剪裁，尤其是造型特殊、弧度和曲度较多的构造，使用剪刀会更容易处理；需要注意的是，使用剪刀剪裁规格较小的建筑模型零部件时要有耐心，争取做到一步到位。

图5-38：对于部分具有一定厚度的材料，在裁剪完图形后，还需要检查其内、外表面是否平滑；可使用电磨笔打磨图形的四角和内边缘，打磨时要注意控制好力度和速度。

5.8.2　机械设备深化加工

利用机械设备加工建筑模型的部分制作工艺如图5-39～图5-42所示。

图5-39　雕刻图形

图5-40　撒草粉

图5-39：在雕刻图形前，需要审核建筑模型设计图纸上的图形样式、比例以及尺寸等是否正确，然后才可将其数据输入雕刻机中，并开展建筑模型的基础雕刻工作。使用雕刻机加工建筑模型可使其外观更加精致，结构更具稳定性。

图5-40：撒草粉是制作绿地的重要步骤，在撒草粉之前需要在绿地区域均匀涂抹胶黏剂，然后在胶黏剂未干之时均匀撒下草粉；草粉可外购成品，也可自行制作。

图5-41　扫除多余的草粉

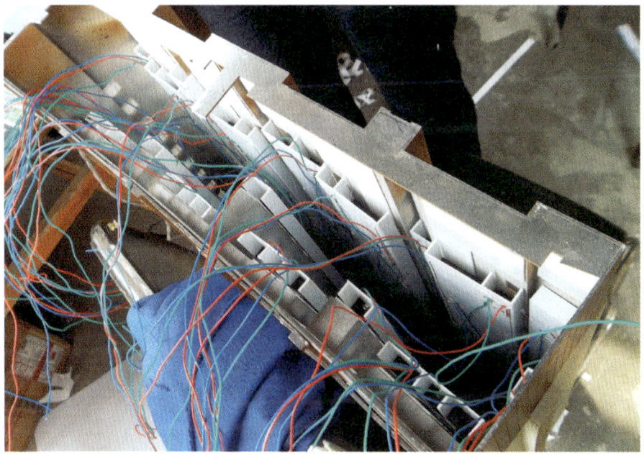

图5-42　埋线

图5-41：待胶黏剂干固后可使用刷子将多余的草粉刷除；若绿地有的区域没有草粉，则应在该区域内重刷胶黏剂，并重撒草粉，直至绿地区域完全被草粉覆盖住。注意做好绿地边缘的处理。

图5-42：埋线不可过于凌乱，要根据电路设计图纸在材料底部穿线，要选择质量较好的电线，并注意避免电线过多交叉，这样也能减少电磁场对电路的影响，也会较少发生短路现象。

本章小结

制作建筑模型，最重要的一点就是要选择合适的制作工具和合适的模型材料，并熟练且灵活地利用这些工具和材料，在充分理解设计图纸的基础上，依图加工材料。在制作建筑模型时，一要满足设计要求，具备美观性和经济性；二要能表现出建筑模型的造型、色彩和设计特点；三要能够唤起公众的思考，激发公众对建筑主体建设和城市建设等的思考。

课后练习

1. 自主分析合理搭配模型材料的原则。

2. 尝试使用模型切割工具进行模型切割。

3. 了解电路的连接方式，尝试在模型中添加电路设计。

4. 使用数码相机拍摄建筑模型的制作过程。

5. 根据设计图纸制作1~2件建筑模型。

6. 选择合适的电源为建筑模型照明。作业数量：2份。将模型以及灯光搭配以PPT的形式进行展示。建议完成课时：5课时。

7.《中共中央、国务院关于深化教育改革全面推进素质教育的决定》中指出：“实施素质教育……以培养学生的创新精神和实践能力为重点。”面对当今科技经济的不断发展，国家着重培养实践型、创新型人才。在了解建筑模型制作工艺后，请自成4人小组，合作完成一个模型制作。

第6章

手工制作详解

识读难度：★★★★★

重点概念：造型分析、材料搭配、构件加工、配景、制作步骤

章节导读

虽然建筑模型的形态千变万化，但是利用手工工具制作建筑模型的方法比较便捷，材料与制作工具可以很快上手，是设计师在设计阶段最常用的方法。此外，建筑模型手工制作是匠心与手艺完美的配合，能够创造出外形美观、构造平整的建筑模型。在制作时，一定要严格参考设计图纸的尺寸，进行剪裁与构件拼接（图6-1）。

图6-1：随着时代的发展，手工制作建筑模型也会采用一定的工具与设备，只不过以往很昂贵的设备现在变得相对便宜了。本章所指的手工制作建筑模型不再是纯粹的徒手制作，而是合理选用轻便工具进行辅助加工，如采用手动切割机切割墙体板材，再进行手工装配。树木、屋顶、植物、水面仍为手工制作，工具也仅限于胶水、剪刀、美工刀等基础手工工具。

图6-1　手工制作建筑模型工具

6.1　分析建筑模型的造型

建筑模型的造型是建筑模型制作的灵魂，分析造型的设计含义和设计特点是制作建筑模型的重要步骤。

6.1.1 灵感分析

建筑模型的造型设计灵感来源于生活和自然，如生活中常见的几何图形、动植物造型、光影造型等都有可能成为建筑模型的制作灵感。建筑模型在制作时会参考这些灵感，并在此基础上，充分结合建筑学、人机工程学、设计美学、结构美学等理论知识。此外，分析建筑模型的造型设计灵感时，还可以明确造型设计特点，从而深化对建筑模型设计的理解，这对于后期分步制作建筑模型也有重要参考意义。

6.1.2 造型特点分析

建筑模型的造型特点可从建筑模型的分解图、三视图、剖面图、效果图等图纸中分析得出；通过研究各设计图纸中的图形形态、尺寸、结构组成等要素，能够明确建筑模型的造型特点（图6-2、图6-3）。

6.1.3 外观尺寸分析

建筑模型外观尺寸是用于研究建筑模型与实体建筑之间比例关系的重要数据，它不仅对模型造型起到限制作用，同时对模型内部构造的尺寸也有影响。分析建筑模型的外观尺寸，能帮助设计师审核模型是否具有可行性，其结构是否具备稳定性，其设计造型是否能长久存在。

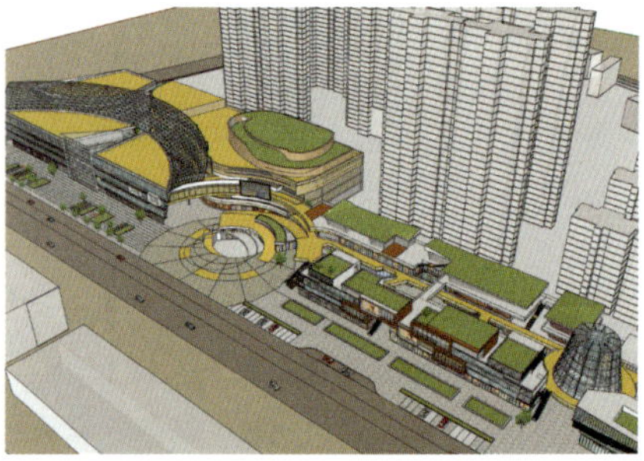

图6-2 现代商业街区模型效果图

图6-3 仿古商业街区建筑模型效果图

图6-2：高层建筑位于小区内部，不是建筑模型的设计重点，因此在设计稿中不着色。

图6-3：仿古建筑造型设计注重细节，多选用成品构件；在设计中要考虑能买到的成品构件尺寸，根据成品件来确定模型制作的比例。

6.2 根据特征选定材料

在制作建筑模型时，要根据模型的规模、设计情感和设计寓意等选择合适的材料（图6-4）。

6.2.1 合理选择材料色彩

合理搭配色彩能准确传达建筑模型的设计含义。色彩选择时应注重色调，使各类材料能够相互协调。统一色彩能够增强建筑模型整体的视觉美感，同时也能增强建筑模型的真实感和清晰感，对提高建筑模型的设计形象很有帮助。可以选择与真实材料相近的色彩制作更加真实的模型场景，也可以根据建筑模型的类型和要表达的设计概念选择

（a）码头上的风景（张安琪）　（b）工业风餐厅（杨宇盟、贾宁）

图6-4　材料的搭配

相对统一的色彩，并用突出的颜色表达设计重点。应注意处理好材料色彩的面积比例问题。

6.2.2　材料情感要相互搭配

不同质地的材料具有不同的质感，所能传递的设计情感也会有所不同。例如，金属材料会传递出冷静的设计情感；木质材料则会给人一种古朴、厚重的情感等。

比较常见的材料搭配为：木质材料搭配PVC板材、有机玻璃板等制作建筑模型；金属材料搭配有机玻璃板或ABS板等制作建筑模型。具体搭配形式还需根据模型的整体规格与模型的设计结构而定。设计师需要根据建筑模型的设计思想确定所要表现的氛围和情感，从而选择搭配材料来进行制作。

6.3　材料构件的加工与连接

不同材料制作的构件，其加工、连接工艺不同。本节主要讲解木质构件、金属构件、塑料构件的加工与连接工艺。

6.3.1　木质构件加工

木质构件加工是使用手锯、锉刀、开榫工具等，使材料成为具备一定尺寸和形状的零部件。在这个加工过程中，设计师需要具备较好的心理素质和动手能力（图6-5）。

（a）榫卯衔接造型

（b）木质构造模型底座

图6-5　木质构件加工

图6-5（a）：现在已经很少采用榫卯结构来制作建筑模型的木质构造了，只有制作大型仿真古建筑模型才会使用。榫卯结构需要采用电动木工设备进行加工。

图6-5（b）：外露的木质构造模型底座，具有展示功能。木质构造形态应当紧密细致，木质材料的间距与尺寸应当保持一致，具有整齐规范之感。

（a）激光雕刻钢板

（b）锯切方形钢管

图6-6　金属构件加工

图6-6（a）：如果无法购买成品金属构件，在大多数情况下都会用到激光切割机，只有这样才能保证制作效率。

图6-6（b）：锯切机对硬质金属杆、管材料进行切割，所获得的小尺寸型材可满足进一步焊接组合使用要求。

（1）刨削。刨削主要使用刨刀刨削木质构件的基准面、相对面、基准边和相对边，可以选用平刨或压刨的形式来对木质构件进行加工。

（2）开榫。榫卯结构具有比较好的稳固性，可使用开榫机或刀具根据榫头形状在木质材料上开榫。比较常见的榫头有双头榫、直角单榫、斜榫等。

（3）修整。木质构件加工完成后，一般会使用砂纸打磨构件的内表面和外表面，要去除木质构件内、外表面的毛刺和压痕，使其具有更光滑的触感。

6.3.2　金属构件加工

金属构件加工主要是指通过锉削、锯割、钻孔、画线等方式，获得建筑模型制作所需的零部件。锉削是利用相应的锉削工具，如锉刀、磨光机等来打磨金属构件；画线则是使用画线笔在金属材料表面划出加工所需的轮廓参考线（图6-6）。

6.3.3　塑料构件加工

塑料构件加工主要是指通过手锯、剪刀、抛光机、电钻、砂纸等工具完成塑料构件的连接、成型、修饰、装配等工作。除工程塑料和特种塑料以外，普通塑料的力学性能、机械加工性能都比较差，加工温度超过180℃会出现熔融现象。刀具或夹具对其产生的压力过大时，可能会导致塑料构件出现断裂或变形。因此，在加工塑料构件时，应当根据塑料的种类和特性来选择合适的加工工具、加工力度与加工速度（图6-7）。

图6-7（a）：结构复杂，且表面凸凹不平的构件可采用3D打印的形式进行制作，比机械雕刻机效率高，便于手工组装。

图6-7（b）：3D打印是建筑模型制作的主流趋势，设备价格低廉，适合各种建筑模型制作配件。

（a）3D打印构件　　（b）3D打印机

图6-7　塑料构件加工

图6-8（a）：仿古构造模型采用1：1比例制作，可选用软质木料，方便加工。

图6-8（b）：2mm厚的薄木板雕刻后，组装成型，适用于概念模型。

（a）仿古建筑中的斗拱模型　　（b）薄木板制作构件

图6-8　木质构件连接

6.3.4　木质构件连接

木质构件主要可通过榫卯连接、螺栓连接、钉连接、键连接等几种方式进行连接（图6-8）。

（1）榫卯连接。榫卯连接是通过榫卯结构来将木质构件连接在一起，连接的牢固性比较强，且能增强建筑模型的整体稳定性。但这种连接方式比较耗费材料。

（2）螺栓连接。螺栓连接在建筑模型的制作过程中比较常见，主要是通过利用螺栓与木质材料之间的摩擦力来实现木质构件的连接。

（3）钉连接。钉连接是利用钉子与木质材料之间的摩擦力来实现连接木质构件的目的，使用时要控制好钉子与钉子之间的间距。

（4）键连接。键连接可分为木键连接和钢键连接。其中，钢键受力性能比较好，使用频率较高。

6.3.5　金属构件连接

金属构件可以通过焊接连接、铆钉连接、螺栓连接等方式进行连接（图6-9、图6-10）。

6.3.6　塑料构件连接

塑料质地较轻，透明性、绝缘性、着色性、成型性和耐冲击性等都十分不错。可根据这些特性，选择不同的方式来连接塑料构件（图6-11～图6-13、表6-1）。

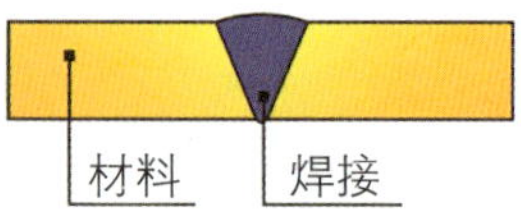

（a）焊接连接

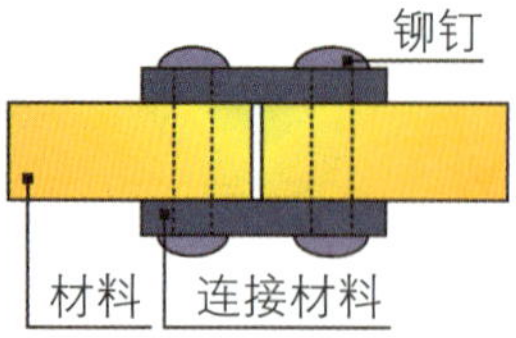

（b）铆钉连接

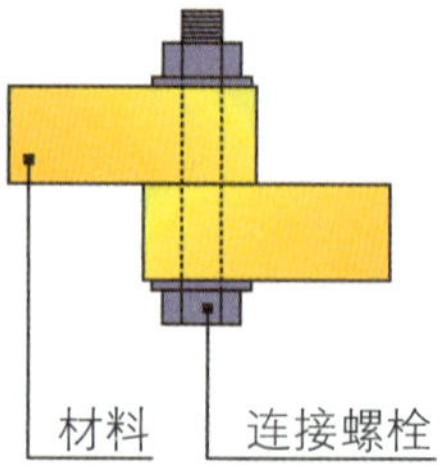

（c）螺栓连接

图6-9　金属构件的连接

图6-9：焊接连接比较简单，损耗率比较小，使用频率较高；铆钉连接施工较复杂，这种连接方式能赋予金属构件更好的塑性和韧性，但不太节省材料，目前使用频率较低；螺栓连接能有效增强金属构件连接的稳固性，根据强度的不同可分为普通螺栓连接和高强度螺栓连接，强度越高，连接效果越好。

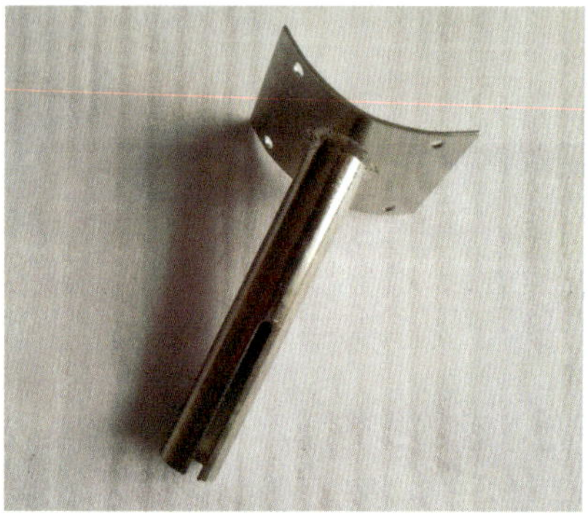

（a）圆柱体连接件

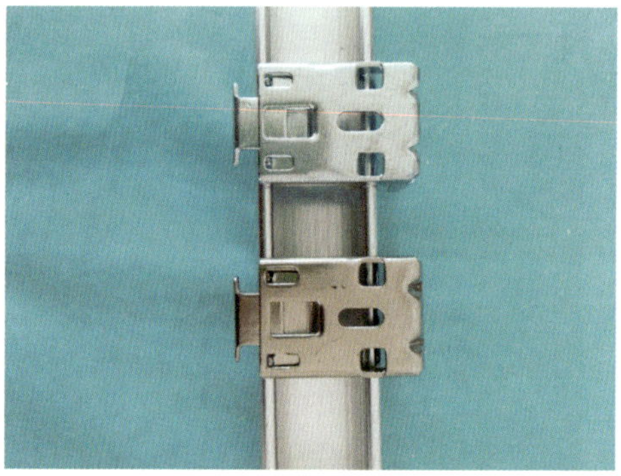

（b）槽杆连接件

图6-10　金属构件连接

图6-10（a）：金属构件可以选购，也可以自行加工制作。但是，应隐藏在模型构造内，一般不外露。

图6-10（b）：可以直接采购部分成品件，再自行加工、制作部分连接件；如购置了金属槽杆，可再根据槽杆规格与形态制作连接件。

使用502胶、树脂溶液或热熔胶粘接塑料构件。在粘接之前要将塑料构件表面清理干净，并使其保持在一个干燥的状态中，涂抹的胶要均匀且适量。

图6-11　使用胶黏剂粘接塑料构件

图6-12　紧固件连接

图6-13　铰链连接

图6-12：通过在构件中压入紧固件、自攻螺钉和螺栓等，来连接塑料构件。压入紧固件是通过其杆上的凸起构造而起到连接作用，而自攻螺钉是利用螺纹来进行连接的。

图6-13：利用铰链连接塑料构件，其优点是可重复开合；缺点是成型后的模型精度要求高且较为复杂，需要丰富的开发经验，并合理设计活动铰链。

表6-1　塑料构件连接方式

连接方式	特点
胶黏剂连接	采用胶黏剂将两个界面黏合在一起，适用于连接质地较轻薄的塑料构件
溶剂连接	采用溶剂来将塑料构件端头溶解、软化，从而使构件连接在一起
紧固件连接	采用自攻螺丝钉、螺栓和压入型紧固件等，对构件进行固定，要控制好紧固件之间的间距
铰链连接	采用铰链将塑料构件连接在一起，灵活性比较高；可以根据铰链的不同，选择不同数量的附加件
卡扣连接	采用卡扣将两个或两个以上的塑料构件镶嵌在一起。其中，卡扣主要由定位件和紧固件组成：定位件起引导卡扣安装的作用；紧固件则起锁紧卡扣与塑料构件的作用
塑料铆焊	采用高温或高压来使塑料构件连接在一起，具体可细分为冷铆焊接、热铆焊接、热气铆焊接、超声波焊接等。这种连接方式能增强塑料构件之间的紧密性
热金属丝焊接	采用金属丝发热产生的热量来熔化塑料构件的表面，从而使塑料构件连接在一起；操作时还应对塑料构件表面施加一定的压力，这样塑料构件之间也能更紧密连接。

6.4　涂装色彩与工艺

为了增强手工建筑模型的美观性，也为了获得更好的视觉效果，在组装时应选择合适的色彩，均匀涂装模型零部件。注意涂装时，应从宏观层面和微观层面综合考虑以下涂装注意事项。

6.4.1　合理搭配建筑模型色彩

建筑模型所用的色彩大部分是在原始色的基础之上调和出来的，不同色彩的调和比例见表6-2。

表6-2　不同色彩的调和比例

色彩		调和比例	色彩	调和比例
透明色系	透明绿	1透明黄＋1透明蓝	橙红色	1红色＋1黄色
	透明橙	1透明红＋1透明黄	绿色	1蓝色＋1黄色
	透明紫	1透明红＋1透明蓝	紫色	1蓝色＋1红色

续表

色彩		调和比例	色彩	调和比例
金属色系	黑铁色	1银色＋1黑色	灰色	1白色＋1黑色
	烧铁色	1银色＋1黑色＋0.3金色	德国灰	1白色＋1黑色＋0.5蓝色
	香槟金	1银色＋0.8金色	黄绿色	1.5黄色＋0.7蓝色
	哑铝色	1银色＋0.7消光剂	苹果绿	1白色＋1黄色＋1蓝色
	黄铜色	0.7金色＋1.3透明橙	肉色	1白色＋0.4黄色＋0.3红色
	金叶色	0.7金色＋1.3透明黄	赭褐色	1黄色＋1红色＋0.3黑色
	金属红	1银色＋1.2红色/透明红	土褐色	1黄色＋1红色＋0.5黑色
	金属蓝	1银色＋1.2蓝色/透明蓝	紫罗兰色	1蓝色＋0.5红色＋0.2黑色
	金属绿	1银色＋1.1绿色/透明绿	粉红色	1白色＋0.4红色
	金属紫	1银色＋1.1紫色/透明紫	天蓝色	1白色＋0.3蓝色
	金属粉红	1银色＋0.6透明红	浅黄色	1白色＋0.7黄色
	淡钢铁蓝	1银色＋0.4透明蓝	木纹色	先用白色打底，再用画笔绘制出黑色木条纹，最后用1透明橙＋0.5透明黑喷涂
	金属苹果绿色	1银色＋0.7透明绿		
	金属巧克力色	1黑色＋1.3金色		

注：表格中的调和比例数字单位为质量份。

为了表现建筑模型的造型特征，在设计和制作时应选用互补或相近色来作为模型的配色；也可选择建筑材料的原本色，这样模型的真实性也会更强，但色彩的纯度、明度等一定要控制好（图6-14）。

在应用色彩的过程中还需注意以下几点。

（1）明确色彩的协调性。要能灵活运用色彩间色、原色、复色之间的微妙变化，利用色彩对比来突出建筑模型设计的重点。

（2）明确建筑模型的主体色调和色彩来源，并通过加深主结构的纯度和明度，将其与灯光结合，从而使整体建筑模型具备更强的视觉吸引力。

（3）根据模型的造型和零部件的结构特色等综合考虑和选择色彩，所选的色彩在视觉上要有统一感，不会给人以突兀感。

（4）根据建筑模型的表现对象、模型的材料特征、模型所要表现的氛围等来综合决定最终所使用色彩的明度和纯度。

（5）色彩具有较强的装饰效果，且具备一定的艺术性和观赏性；色彩明度应当随着模型的微缩比例和材料特征等作适当调整。

（6）色彩具有很强的多变性，应当考虑模型材质、加工技法等对色彩的影响。材料材质、纹理不同，着色后面层的色彩饱和度和色彩氛围感也会有所不同。

6.4.2 正确涂装模型

建筑模型应分部件逐一进行涂装，涂装时应参照以下步骤。

(a)深色与浅色对比

(b)利用板材纹理区分色彩

图6-14 手工建筑模型着色

图6-14(a):深红色墙面搭配白色屋顶形成强烈的明暗对比,再搭配黑色门窗边框,使建筑模型色彩更醒目。

图6-14(b):对ABS板进行雕刻后,形成较强的肌理质感;再继续喷漆,能形成不均匀的色彩质感,作为屋顶使用时与模型的其他材质区分明显。

1. 准备涂装基础工具

建筑模型涂装可能会用到的工具有画笔、喷笔、喷枪、涂料皿、调漆棒、模型漆、手套、口罩等。正式涂装之前,还需仔细检查、测试涂装设备,要确保设备可以正常使用(表6-3)。

表6-3　建筑模型涂装基础工具

工具名称	图示	备注
画笔		规格多变,适用于细节处涂装,可根据建筑模型结构特征进行选择
喷笔	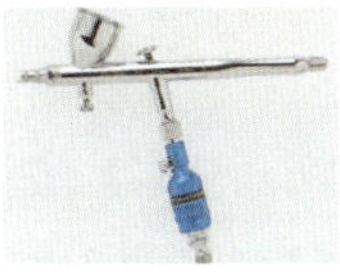	使用喷笔可获得比较均匀的色调,色彩层次感也较好
喷枪		可直接装涂料使用,装料量大,能满足一次性多个构件的喷涂,涂料更换比较方便;其使用成本较低,喷涂效果较好
涂料皿	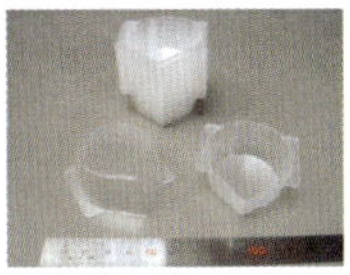	专用于盛放涂料

续表

工具名称	图示	备注
调漆棒	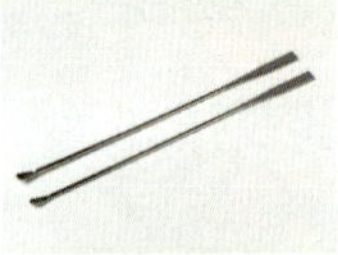	用于搅拌涂料
模型漆		种类丰富，色彩多变，可根据建筑模型的材料特征和设计需要进行选择
手套、口罩		对操作者的手部、口鼻起保护作用

2. 基层清理与打磨

为了使涂装面层更光滑，在涂装前还应清理干净模型表面的灰尘、残渣等，并对涂装部位进行打磨，使其表面没有毛刺。

3. 喷涂底漆

根据建筑模型材料的纹理和结构特征，选择合适的模型底漆；应当选择和涂料颜色为相同色系的底漆，这样也利于模型色彩层次感的塑造（图6-15）。

4. 修补面层缺陷

待底漆完全成型后，还需仔细检查建筑模型。如果模型面层有轻微缺陷，则可利用涂料的流平性使模型面层恢复平整状态；如果模型面层表面有凹凸不平等缺陷，则需涂抹涂料以使模型面层恢复至平整状态。

5. 涂装面漆

这一步骤是为了形成合适厚度的涂膜，所选色彩应与底漆相同。通常中间涂层的涂装次数为2~3次，这样涂膜的质感会更好（图6-16）。

6. 打磨、护理

建筑模型各零部件涂装完毕后，待干，使用合适目数的砂纸或锉刀打磨模型，使其表面有良好的触感，并做好基础护理工作。此外，应根据材料特性，谨慎储存成品。

图6-15 模型零部件涂装

图6-15：对于粗糙且细小的配件，可以采用细棉签蘸涂料后涂装；采取揉压的方式能将涂料压入粗糙的缝隙中。

图6-16：对于色彩丰富的建筑模型，可以采取绘画的方式，将丙烯颜料调色后涂装，色彩变化更丰富。

图6-16 画笔涂装

- 补充要点 -

涂饰处理细节

建筑模型通常需分别上色，如果同一零部件需要上两种色，则应当先明确色彩比例，再在模型零部件上标示出来；喷涂一边色彩时，另一边应用胶布遮盖住。建筑模型中的窗框、栏杆、家具等小部件，喷涂前应先用胶带纸加以固定，并注意使用喷枪和喷嘴喷涂建筑模型前，应确保工作环境通风良好，并确保地面没有灰尘，喷嘴内部没有残余的涂料等。

6.5 协调模型配景与建筑

建筑模型中的配景包含很多内容，如车辆、花草、家具、水景、路灯等，制作时要协调好配景与主体建筑之间的关系，配景的选择最终是以突出主体建筑为目标。

6.5.1 根据整体比例制作配景

不同比例模型配景所表现的重点是不同的，在制作建筑模型配景时，要根据整体比例来选择材料制作配景，以下主要介绍树木、人物、交通工具等配景的制作方法（图6-17、图6-18）。

1. 树木

建筑模型中树木的种类较多，主要有以下几种。

（1）球形树木。应用比例为（1：100）~（1：1000），主要使用软木球、橡胶球、钢丝绒、聚苯乙烯发泡球、纸球等来制作。

（2）球形圆柱体树木。应用比例为（1：100）~（1：200），主要使用有机玻璃板或木材加工成圆棒形制作树干。

（3）伞状树冠形树木。应用比例为（1：50）~

图6-17　树木

图6-17：对于用量较大的树木，多为购置成品树干，再于树干表面喷胶，蘸绿色泡沫粉，这样能降低制作成本。

图6-18：人物多为3D打印。特殊人物造型会采用泥塑方式制作。

图6-18　人物

（1：100），主要使用金属线或质地纤细的丝网或纤维泡沫等来制作，应注意确保造型的准确性。

（4）金属线树木。应用比例为（1：50）~（1：100），主要使用老虎钳将金属丝捆紧，再用钻孔机的套筒来使金属丝紧紧缠绕在一起，最后将树冠部位的金属丝弯曲成设计所要求的形状。

（5）金属丝布树木。应用比例为（1：20）~（1：100），主要使用金属丝布，根据图纸在金属丝布上切割需要的形状，再在金属丝布中间插上已捆紧的金属丝。最后，根据需要进行必要的修整。

（6）销钉树木。应用比例为（1：500）~（1：1000），主要使用大小适中的销钉代表树木群落，注意控制好销钉之间的间距。

2. 人物

建筑模型中人物的制作材料较多，如硬泡棉、纸质材料、有机玻璃板、黏土、金属丝、木板、松树针叶、规格较小的销钉等。

（1）硬泡棉人物。应用比例为（1：50）~（1：100），先将硬泡棉切割成条状，再将其切割成片状，利用大头针将硬泡棉片连接在一起。最后，用剪刀剪裁出人物的基本轮廓。

（2）纸质人物。应用比例为（1:50）~（1:100），这种人物形象比较抽象，主要使用白色的纸张或者其他具有褶皱感的有色纸张和大头针等制作而成（图6-19）。

（3）剪影人物。应用比例为（1：20）~（1：50），将杂志或摄影照片上的人像导入计算机内，通过计算机调整其比例，然后再打印、粘贴到厚纸张或有机玻璃板上；根据人物轮廓，对其进行剪裁。

3. 交通工具

交通工具的精确度较高，所需要表现的细节比较多，多用于（1：50）~（1：200）的建筑模型中；商业模型制作时通常会直接选择交通工具成品件，设计师制作概念模型或设计推敲研究模型时往往自行制作（图6-20）。

自行制作交通工具模型时，首先要明确交通工具的比例和轮廓特点，然后再选择合适的交通工具侧立面或平面图，并对其进行缩小或放大处理，接着便可将交通工具的轮廓转印到木板或纸板上。最后，用锯切的方式将交通工具的轮廓切割下来，修整后置于建筑模型合适的位置即可。

6.5.2 平衡环境配景与建筑比例

对于单件形体较小的建筑规划模型，要侧重表现主体建筑的形态、材质、设计情感等，配景中的绿地和行道树要分区域设置，建筑与建筑间的楼间树的造型也应更简单化。建筑模型与环境配景之间的比例关系要协调，环境配景和主体建筑在宏观上要具备统一性。还应根据总体布局和实际绿化面积来设计树木、花草等的造型，并注意树木、花草等配景的形态要具备美感。

图6-19 纸质人物（刘静）

图6-19：纸质剪影形态的人物制作起来比较消耗时间，但是在概念模型中能营造出另类的视觉效果。

图6-20：交通工具多为购置的成品件，价格较高；也可以根据需要进行3D打印。

图6-20 交通工具成品件

1. 单体或群体建筑模型配景

对于比例较大的单体建筑模型或群体建筑模型，在制作配景时，要选择合适的比例。树木、花草等的表现形式应当更简洁，要能与主体建筑有效区分，不可喧宾夺主，应平衡配景色彩；树木、花草等的形态应当参考主体建筑的比例、制作深度、体积大小等来制作（图6-21）。

2. 别墅模型配景

对于比例较大的别墅模型，在设计配景时要注重氛围的营造，树木、花草等配景的表现形式可以趋向新颖化和活泼化。配景与主体建筑共同给予公众一种温暖、和谐的感觉；同时，在树木、花草等配景的选择上可以适当添加些亮色，达到美化别墅模型的目的（图6-22）。

（a）整体效果

（b）成品树木

图6-21 单体建筑模型配景（张博）

图6-21（a）：概念建筑的配景应尽量简洁，强调建筑模型的空间构成与建筑形体特征；如果模型周边环境较少，可以采用成品树木来点缀模型。

图6-21（b）：对于结构简单的建筑模型，应当根据模型比例来确定成品树木的比例。

（a）单体别墅模型

（b）中式传统院落别墅模型

图6-22 别墅模型配景

图6-22（a）：商业模型的配景应当丰富多样，尽量写实。但是，绿化植物不能遮挡主体建筑的形态构造，尤其不能遮挡透明外墙结构。

图6-22（b）：中式传统院落中的绿化树木形态各异，应选用多种形态的树木相互穿插，避免因品种单一而破坏建筑风格。

6.6 建筑模型手工制作步骤

建筑模型手工制作能够反映模型设计师的动手能力和思维能力，主要步骤是：收集各种资料→绘制合适比例的图纸→选择合适的材料和工具→根据设计图纸加工材料→模型零部件粘接与组合→模型修整与保养。

6.6.1 收集各种资料

资料收集是为了让建筑模型更加数据化，收集的资料主要为同类型建筑模型设计图纸，如平面图、剖面图、细节详图等。这类图纸能为建筑模型设计提供灵感，也能为手工制作提供参考（图6-23）。

注意建筑模型所处区域的周边情况需熟悉并了解模型材料的市场情况，如材料价格和材料规格等，并选择合理的色彩搭配方案，包括整体配色和局部配色等（图6-24）。

6.6.2 绘制合适比例的图纸

图纸比例要与模型比例一致，且应根据需要将图纸比例缩放至建筑模型需要的比例尺寸，并审核图中尺寸，确保模型内各结构尺寸没有任何错误，才可将其复印至建筑模型底板上。图纸绘制还要符合规范，使用计算机软件如Auto CAD绘制图纸时，图中的图形尺寸和图层、线段等的设置都要符合制图标准。

6.6.3 选择合适的材料和工具

图纸绘制结束便可根据建筑模型的规格、质感和所要表达的设计情感等来选择合适的材料，并根据材料选择合适的手工制作工具（图6-25）。

同类型建筑模型图纸能够为手工制作建筑模型提供比较有利的科学根据，包括提供制作经验、色彩搭配经验、配景与主体建筑如何布局等经验。

图6-23　同类型建筑模型设计图纸

通过分析建筑模型中建筑所处区域的交通情况、水域情况、建筑层高和布局情况等，能够更明确建筑模型的设计比例和周边配景的比例和布局。

图6-24　建筑模型周边环境

（a）反光铝箔纸

（b）手工制作工具

图6-25　提前准备好材料和工具

图6-25（a）：材料品种与工具尽量齐备，甚至要多准备一些。在大多数模型制作过程中，对于特殊材料，应当精确计算用量，例如，反光铝箔纸价格较高，应当根据设计需要进行选购。

图6-25（b）：手工制作工具价格低廉，应尽可能搭配齐全，能多次反复使用。

6.6.4　根据设计图纸加工材料

使用纸质材料制作主体结构，可以先将模型图纸打印出来，粘贴到纸板上；再使用裁纸刀、勾刀或美工刀等工具将模型的零部件剪切下来，最后根据图纸进行组合和粘贴。

如果选用厚度较大的泡沫板或瓦楞纸等，则裁切材料时要处理好面与面之间相接的部分，且切割材料边缘时应沿45°角切割。

加工材料时要有先后顺序，首先加工出主体建筑的外墙及屋顶面等部件，然后再加工出细部构件。最后，再将这些零部件粘贴、组合到一起。

6.6.5　模型零部件粘接与组合

模型零部件的粘接与组合是手工制作建筑模型中比较重要的部分，直接影响了建筑模型呈现的视觉效果；要根据效果图和平、立面图来组装、粘接模型零部件。

6.6.6　模型修整与保养

手工制作建筑模型完成后，还需对其表面做适当的修整；要保证模型表面的洁净，应当将模型放置于干燥环境中，并定期保养（图6-26）。

（a）粘贴后自然晾干

（b）靠近窗台处放置

图6-26　粘贴组合完毕的建筑模型

图6-26（a）：各种胶水完全固化的时间约为3h，在此期间模型应当放置在安全位置。

图6-26（b）：自然光照可使胶水快速收缩。但是，不能将模型置于流动空气中，以防局部干燥过快而发生翘曲。

- 补充要点 -

建筑模型的保养方法

1. 建筑模型的灯光最好间隔两个小时关闭一次，且应当将建筑模型置于洁净和通风的环境中。

2. 避免在太阳下暴晒建筑模型，否则会影响模型材料之间的稳固性，对于模型表面的色彩，也会有影响。

3. 建筑模型如果置于室内，则室内的温度应当小于35℃，湿度应当控制在30%～80%，以免出现脱胶和变形的状况。

6.6.7 手工制作建筑模型实例

手工制作的建筑模型外观应追求形体端庄，切割精细；还可适当搭配有色材料为模型增添视觉对比效果。

在正式制作模型之前，要预先设计好图纸，并将图纸按比例打印出来，打印后可以随时查看图纸上的数据尺寸。即使没有标注，也可以根据比例关系来进行测量和计算，得到准确的数据。为了便于模型制作，应注意模型的基础底板要处于水平状态。

1. 住宅概念模型制作

住宅概念模型的表现目的是研究建筑造型的构造可行性，需要将物理结构与建筑创意结合起来进行分析。建筑模型应尽量简洁、精细，采用最少的材料来表现出色彩对比（图6-27）。

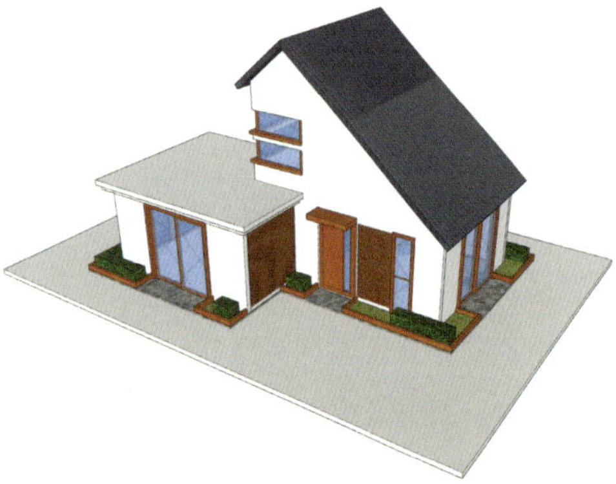

（a）前立面鸟瞰图

（b）后立面鸟瞰图

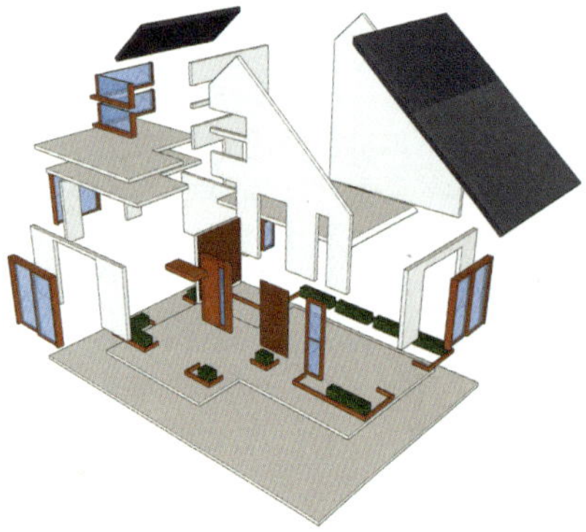

（c）设计分解图

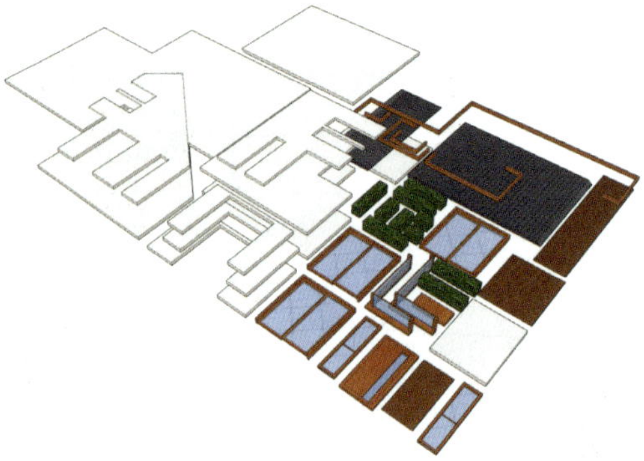

（d）板料平铺图

图6-27 住宅概念模型（王璠）

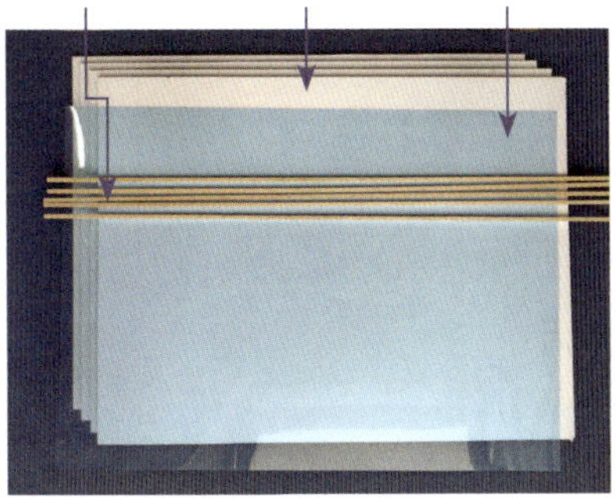

(e) 配齐材料

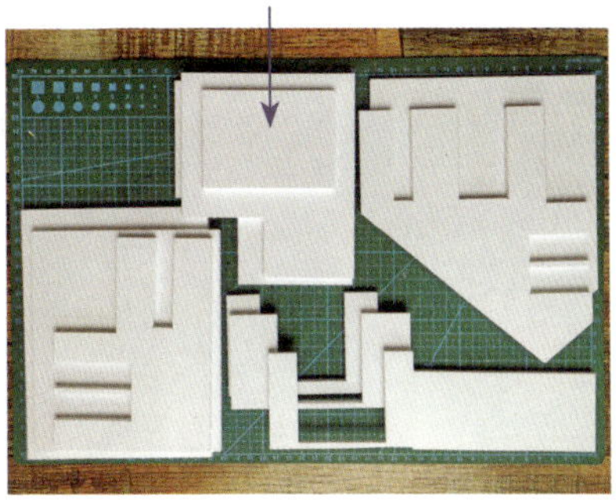

(f) 板料裁切

(g) 构件制作

(h) 制作墙体构造

(i) 修饰边框

(j) 建筑基础构造完成

图6-27 (h): 采用模型胶粘贴裁切好的PVC板至底板上。

图6-27 (i): 用美工刀仔细修切门窗框边缘，直至方正、平整。

图6-27 (j): 基础构造制作完毕后，仔细检查各局部细节，力求平整端庄。

(k) 粘贴门窗

(l) 粘贴门窗完成

(m) 封顶

图6-27 (k): 将制作完毕的门窗构件粘贴至门窗洞口中，局部用少量模型胶粘贴。

图6-27 (l): 门窗安装完毕后，仔细检查是否存在漏光，局部用模型胶修补。

图6-27 (m): 封闭顶面之前，再次检查内部构造，确定无误后粘贴顶棚板材。

图6-27 住宅概念模型 (王播) (续)

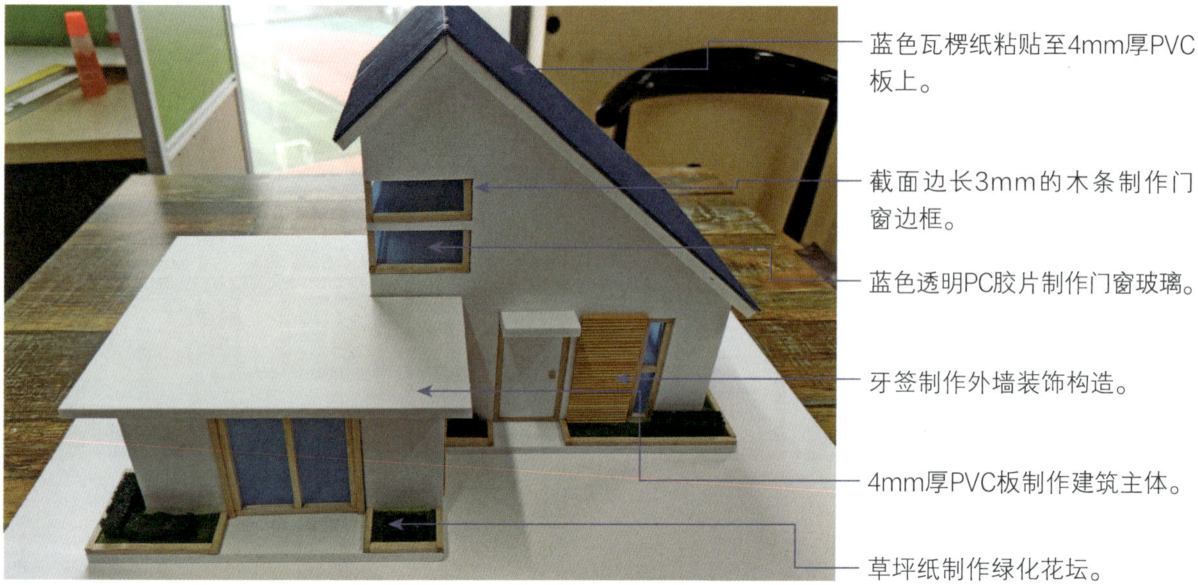

（n）制作完成

（o）局部细节（一）

（p）局部细节（二）

图6-27 住宅概念模型（王播）（续）

2. 现代办公建筑概念模型制作

现代办公建筑多采用简约风格，追求直线形体构造，弱化装饰细节。在概念模型中，要严格把控尺寸与比例，将每一处构造制作精细（图6-28）。

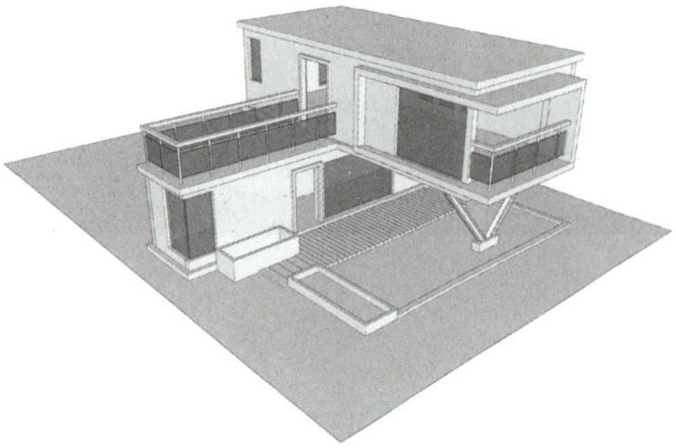

（a）前立面鸟瞰图

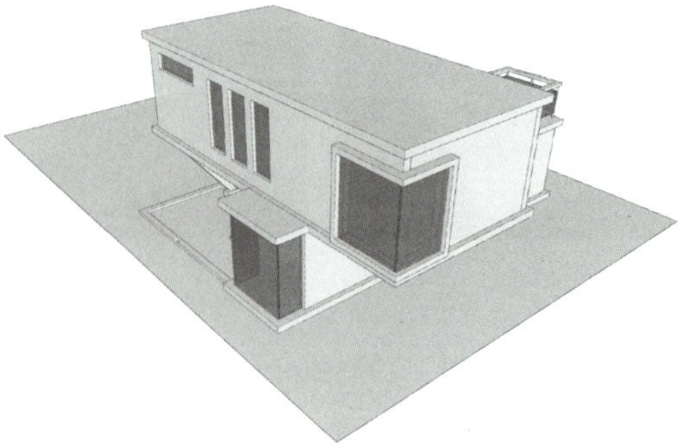

（b）后立面鸟瞰图

图6-28 现代办公建筑概念模型（王播）

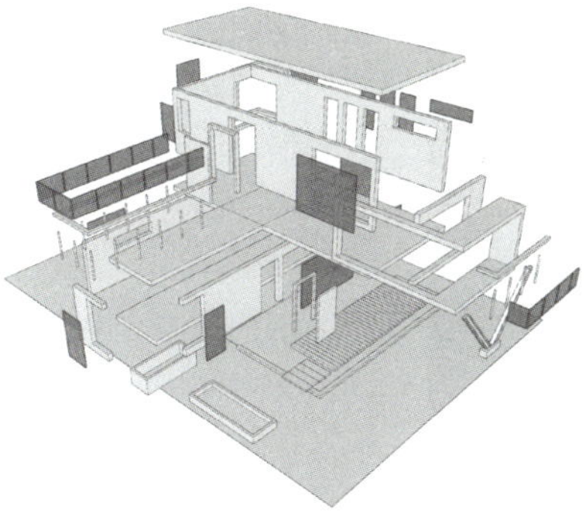

（c）设计分解图

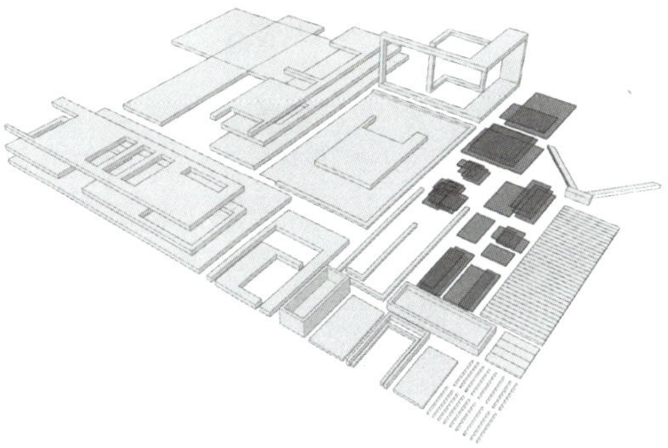

（d）板料平铺图

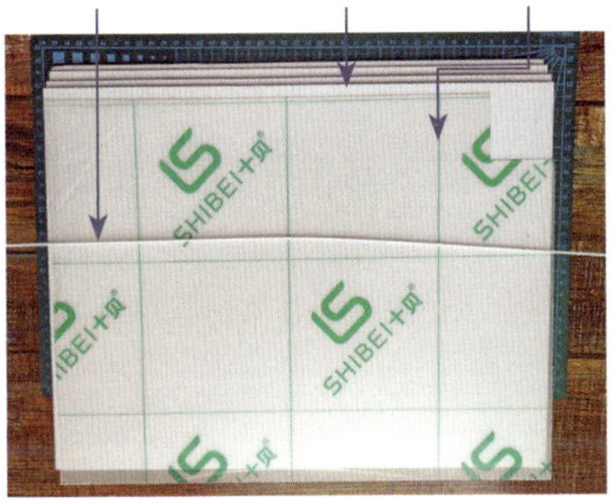

（e）配齐材料

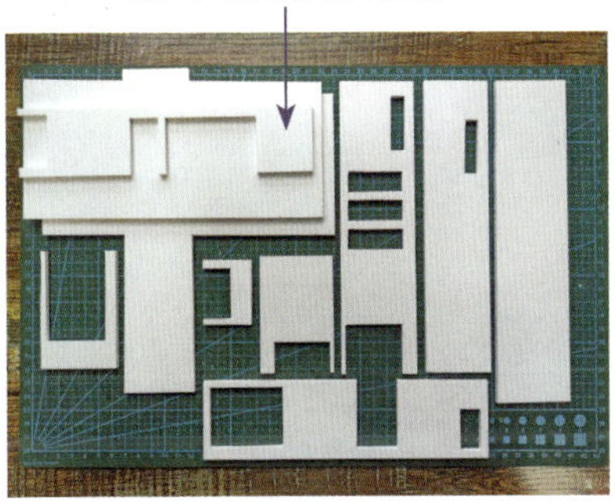

（f）板料裁切

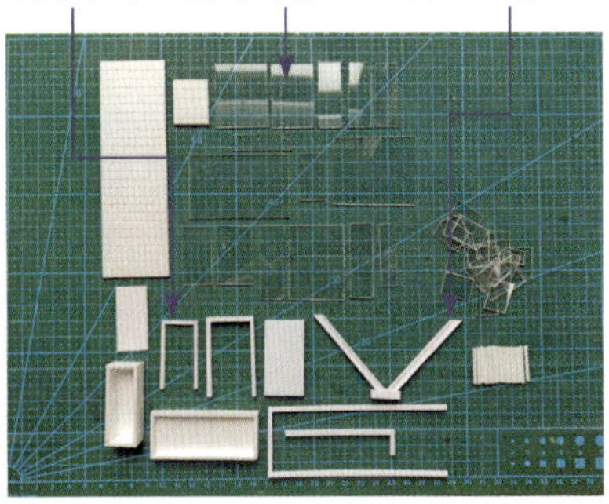

（g）构件制作

（h）制作墙体构造

（i）修饰边框

图6-28（h）：采用模型胶粘贴裁切好的PVC板至底板上。

图6-28（i）：用美工刀仔细修切门窗框边缘，直至方正、平整。

图6-28（j）：基础构造制作完毕后，仔细检查各局部细节，力求平整端庄。

图6-28（k）：将裁切完毕的透明PC胶片粘贴至门窗洞口中，局部用少量模型胶粘贴。

（j）建筑基础构造完成

（k）粘贴门窗玻璃

图6-28　现代办公建筑概念模型（王璠）（续）

（l）粘贴门窗边框

（m）封顶

图6-28（l）：将裁切完毕的PVC板料构件粘贴至门窗洞口上，作为门套边框；门窗安装完毕后，仔细检查是否存在漏光，局部用模型胶修补。

图6-28（m）：封闭顶面之前，再次检查内部构造，确定无误后粘贴顶棚板材。

4mm厚PVC板双层顶面造型。

截面边长3mm的PVC条制作栏杆。

透明PC胶片制作栏杆、门窗玻璃、模拟水面。

4mm厚PVC板裁切造型，制作建筑支撑构造。

（n）制作完成

（o）局部细节（一）

（p）局部细节（二）

图6-28　现代办公建筑概念模型（王璠）（续）

3. 木构件建筑概念模型制作

木构件建筑概念模型多采用木质梁架制作主体。该建筑模型所要表达的是木质梁架的支撑结构与力学性能，制作模型时要精确计算木质梁架的安装数量与密度，形成结构美，并体现端庄、稳固的设计理念（图6-29）。

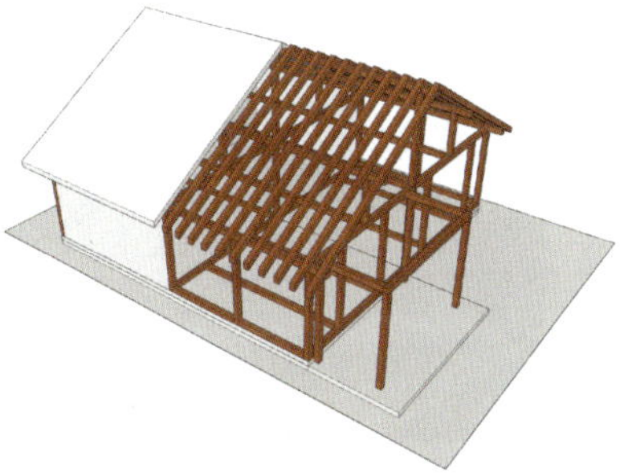

（a）前立面鸟瞰图

（b）后立面鸟瞰图

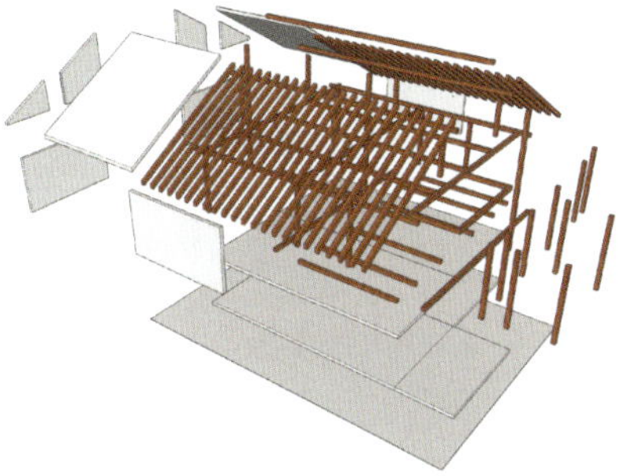

（c）设计分解图

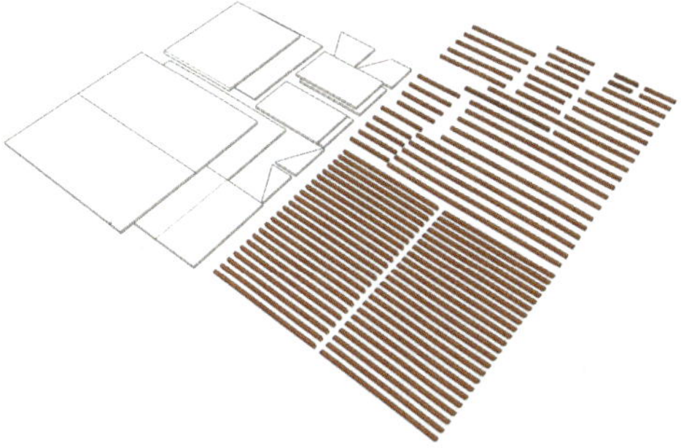

（d）板料平铺图

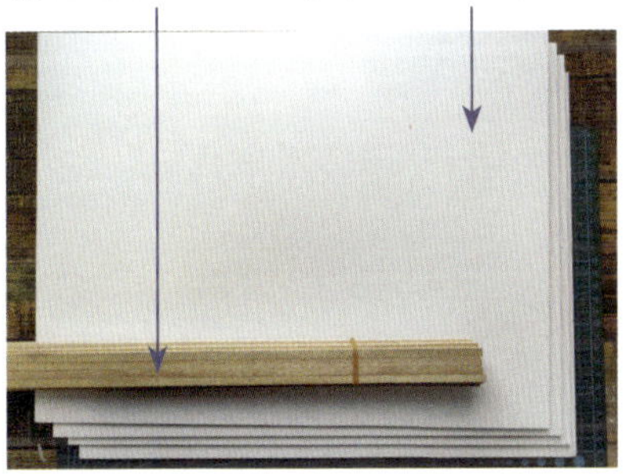

（e）配齐材料

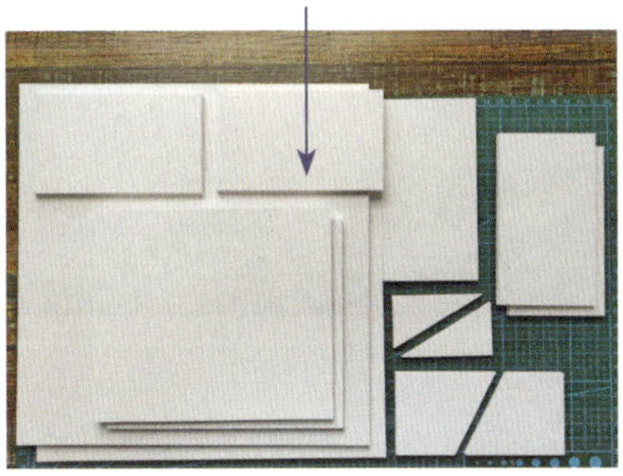

（f）板料裁切

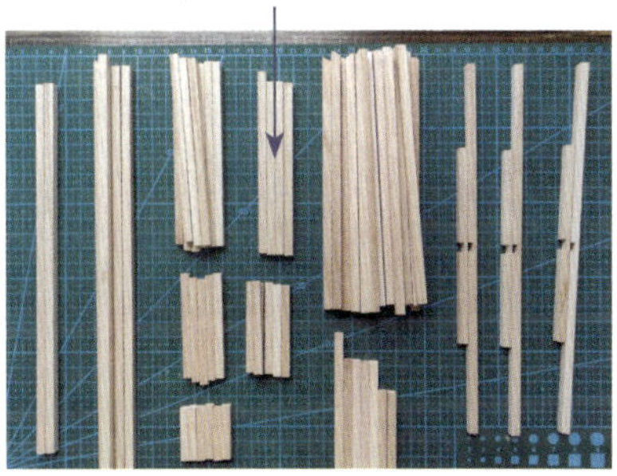

（g）木条裁切

（h）制作基础骨架

（i）修饰骨架

（j）建筑骨架构造完成

图6 29（h）：采用模型胶粘贴裁切好的木条。

图6-29（i）：用美工刀仔细修切构架边框衔接处，直至方正、平整。

图6-29（j）：基础构造制作完毕后粘贴至底板上，并检查各局部细节，力求平整、端庄。

图6-29　木构件建筑概念模型（王璠）

（k）砂纸打磨平整

（l）粘贴屋顶檩条

（m）檩条安装

图6-29（k）：采用砂纸打磨，直至平整，粘贴局部构造。

图6-29（l）：将檩条端头（角度为30°）打磨后，对接粘贴。

图6-29（m）：将檩条安装粘贴至屋顶上，保持平行。

（n）制作完成

（o）局部细节（一）

（p）局部细节（二）

图6-29 木构件建筑概念模型（王璠）（续）

4. 住宅饰面模型制作

通过贴纸来表现建筑模型外部材质的色彩、纹理，是手工模型制作的最佳表现方式之一。建筑模型中的主要材质集中在屋顶、外墙饰面，可通过直接拍摄或网络下载相关材质纹理图片后，采用计算机图像软件进行处理，拼接成完整图片；再通过打印机输出，粘贴到建筑模型外表面，形成较真实的视觉效果（图6-30）。

（a）前立面鸟瞰图

（b）后立面鸟瞰图

（c）设计分解图

（d）板料平铺图

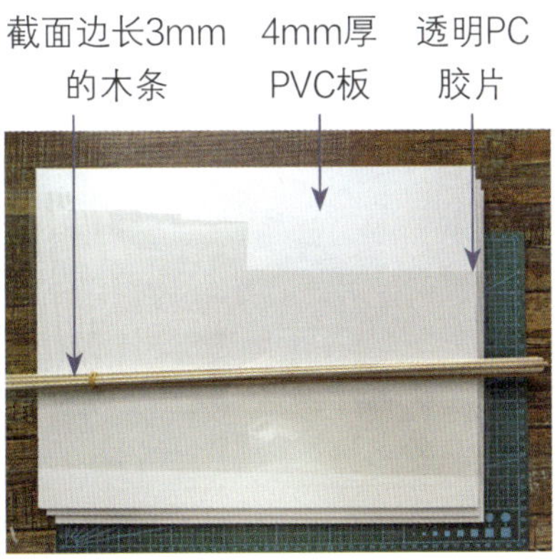

（e）配齐材料

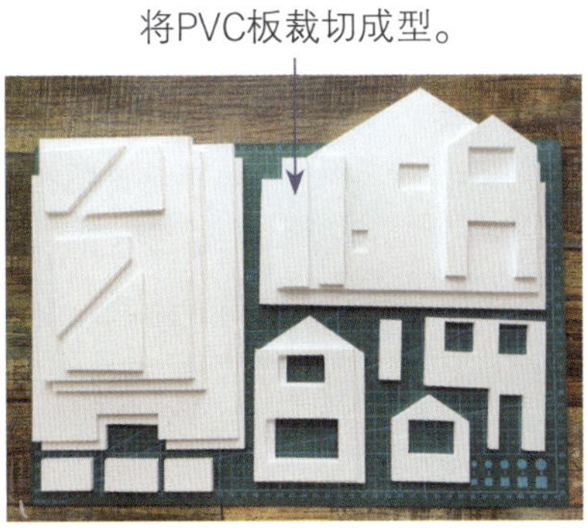

（f）板料裁切

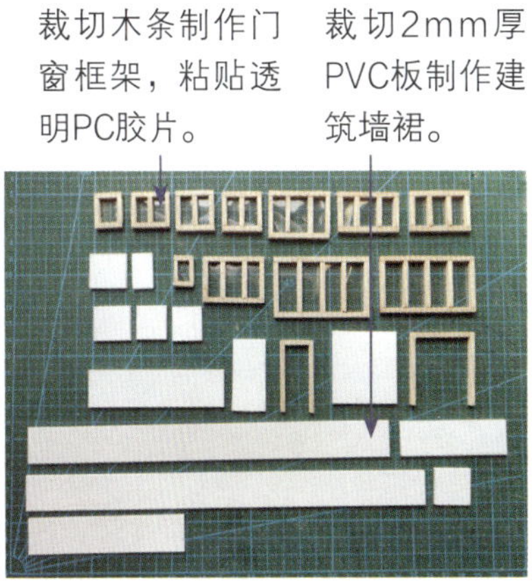

（g）构件制作

（h）外墙砖纹贴图

（i）墙裙石材贴图

（j）屋顶贴图

（k）门与地面贴图

图6-30 住宅饰面模型（王播）

（l）打印贴图

（m）粘贴墙体

（n）修整门窗边框

图6-30（l）：采用打印机将设计完成的贴图打印出来，根据需要打印不同数量的贴图。

图6-30（m）：采用模型胶粘贴裁切好的PVC板料，将其组合成建筑墙体构架。

图6-30（n）：用美工刀仔细修切门窗框边缘，直至方正、平整。

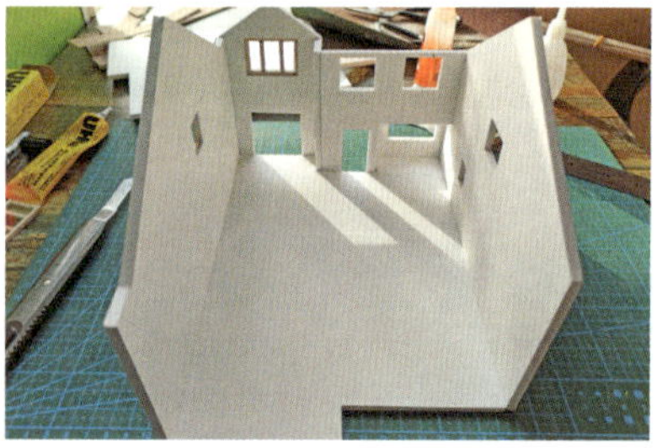

（o）制作基础构造

（p）安装门窗边框

（q）建筑构造制作完成

图6-30（o）：基础构造制作完毕后粘贴至底板上，并检查各局部细节，力求平整、端庄。

图6-30（p）：采用模型胶粘贴裁切好的门窗边框木条，粘贴建筑外墙贴纸。

图6-30（q）：装饰贴纸可以一边粘贴，一边组装，以保持垂直角度。

（r）制作完成

（s）局部细节（一）

（t）局部细节（二）

图6-30　住宅饰面模型（王璠）（续）

本章小结

制作手工建筑模型不仅需要花费精力和时间，还需要设计师具有较好的手工操作能力和严谨的逻辑思维，并能从宏观和微观方面进行综合考虑。设计师要有总览全局的大局观，能从建筑模型的细节处逐渐深入，尽早发现建筑模型设计、制作的漏洞；并利用自身所学知识不断完善建筑模型，使其最终成为一件兼具艺术美和设计美的建筑模型作品。

课后练习

1. 掌握建筑模型手工制作步骤。
2. 简要说明分析建筑模型造型可以从哪些方面入手。
3. 针对不同材料构件的加工与连接进行概括式总结，并绘制表格。
4. 分析建筑模型图纸的绘制要求。
5. 收集建筑图样，根据图样按比例绘制一套完整的建筑模型设计图纸，标注详细尺寸与材料。
6. 选择已完成的模型，进行表面涂装。作业数量：2份。将图纸打印成A3版面，上课进行展示分享。建议完成课时：6课时。
7. 实地考察当地一处名人故居，拍摄其建筑结构与样式，绘制相关图纸，并进行模型搭建。

第7章
机械加工详解

识读难度：★★★★★
重点概念：雕刻机、机械加工、装配、修饰、制作步骤

章节导读

使用机械设备加工建筑模型是当今时代发展的需要，能更深入地体现模型的艺术特色和特征。为了使建筑模型更具备专业性、精致性、创造性等，设计师必须具备较强的概括力、观察力、想象力，对于机械加工的基本技法应当十分了解，才能创造出完美的建筑模型（图7-1）。

图7-1：采用机械加工的建筑模型制作，是在手工制作的基础上，对主体模型构件进行机械加工，包括建筑主体、地面造型等；绿化、车辆、人物等配景多采用购置的成品件。这些构件最终还是通过人工进行组装。虽然从本质上来看，还是部分属于人工制作，但是，机械切割的精准度、加工效率很高，对模型品质的提升有很大帮助。

图7-1 采用机械加工的商业建筑模型

7.1 准备工作

在制作之前，同样需要仔细研究建筑模型的设计图纸，并根据设计主题和设计特色准备好相应的模型材料和工具设备。

（a）计算机模拟建模

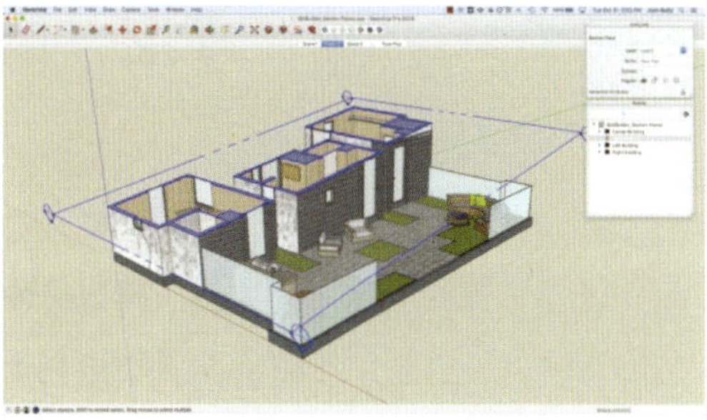

（b）计算机建模内部构造分析

图7-2　分析建筑模型效果图

图7-2（a）：建筑模型的3D透视图多采用SketchUp（草图大师）软件制作。该软件结构简单，效率高，并不追求逼真的光影、贴图效果，能清晰表现建筑结构之间的关系。

图7-2（b）：对模型内部构造进行解析时，可通过多角度剖切展示其内部结构，有助于形态与空间分析。

7.1.1　建筑模型设计图纸分析

分析建筑模型设计图纸的目的在于研究建筑模型的结构组成、空间透视关系、周边环境关系、比例等。此外，通过图纸分析，材料切割和模型构件组装更具科学性（图7-2）。

7.1.2　备好工具设备和材料

机械加工建筑模型的材料种类较多，除基础木材、塑料、玻璃、金属外，还需准备不同规格的海绵、背胶纸、粗鱼线、电线（铜线和铜丝）、漆包线（直径0.5mm）、绒线末、涂料、绒面墙纸、胶黏剂、树木模型、干花、发胶、小彩灯、车辆模型、路灯模型、路牌模型、围栏模型和其他种类的装饰模型等。

机械加工所需工具可以根据所选模型材料来定，主要包括喷砂机、磨光机、曲线锯、钻孔机、锯条刀、抛光机等。常用设备包括雕刻机、喷印机、3D打印机，常用设计软件则包括AutoCAD软件、犀牛软件（Rhinoceros）、SketchUp软件等（图7-3、图7-4）。

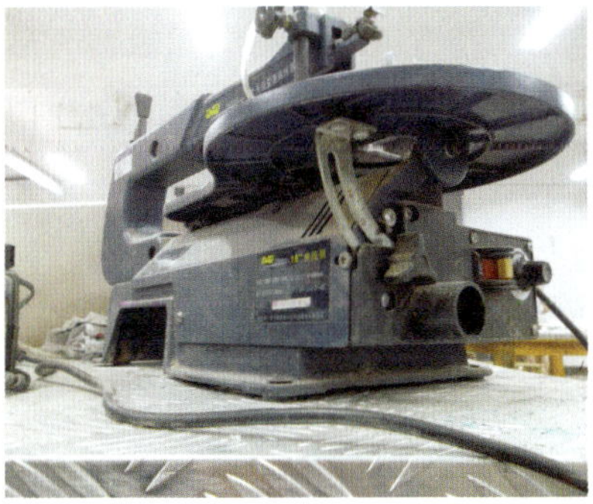

图7-3　曲线锯

图7-4　喷砂机

图7-3：曲线锯可用于切割金属材料和质地较厚的木质材料，它主要是由减速齿轮、串激电机、往复杆、平衡板、底板、开关、调速器等组成。

图7-4：喷砂机可细分为干喷砂机、液体喷砂机、冷冻喷砂机、环保型喷砂机等，主要可用于模型工件表面的清理工作和工件喷漆前的处理工作。

7.2 雕刻机特点与使用方法

雕刻机种类丰富，功率较大的雕刻机雕刻得比较精细，且板材表面无明显锯齿，板材底面轮廓清晰，平整光滑；用于建筑模型制作的雕刻机使用频率较高。

7.2.1 雕刻机功能和特点

雕刻机的使用是与计算机软件紧密相关的。为了更好地操作雕刻机，对于雕刻机的相关性能与特点应有所了解。

1. 雕刻机的系统功能

雕刻机的系统功能见表7-1。

表7-1　雕刻机系统功能一览表

系统功能	功能含义	系统功能	功能含义
标题栏	显示当前开启的NC程序文件名和系统的标题名	轨迹跟踪区	显示程序文件加工轨迹，并对其实时跟踪，同时对NC程序文件的图形，进行预览跟踪
工具条	显示操作系统的主要功能	代码跟踪区	显示当前所开启的程序代码
坐标跟踪区	显示当前系统的坐标及其坐标移动轨迹	参数设置控制区	常用参数调整设置和系统控制
状态显示区	显示当前系统的工作状态	状态栏	显示是否触发轴限位和当前所开启文件的格式，以及当前所开启图档的边值属性等
系统控制区	对自动加工进行控制		

2. 雕刻机性能与特点

（1）雕刻机为整体钢架结构，具有比较好的结构刚性，操作时比较平稳。

（2）雕刻机能够接收绘图指令和数控加工指令，每一款雕刻机都有自己相应的雕刻软件，使用时需要对建筑模型图纸的格式进行转换，使模型图纸能被识别（图7-5、图7-6）。

（3）雕刻机具有较高的运动精度，且传动结构的稳定性也比较强，能够快速且准确雕刻出建筑模型所需的形状。雕刻机还具有标准夹头，应当选择合适的雕刻刀具或铣刀配套使用。

（4）雕刻机的变频器需配套功率较大的高速主轴，这样系统才能按照指令准确操作。

图7-5　雕刻机

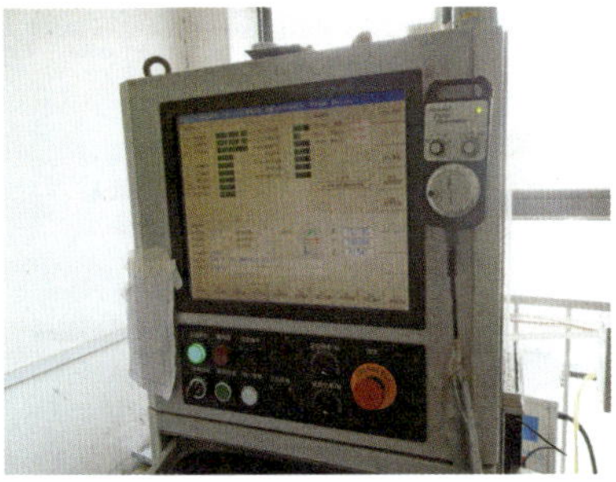

图7-6　雕刻机调试界面

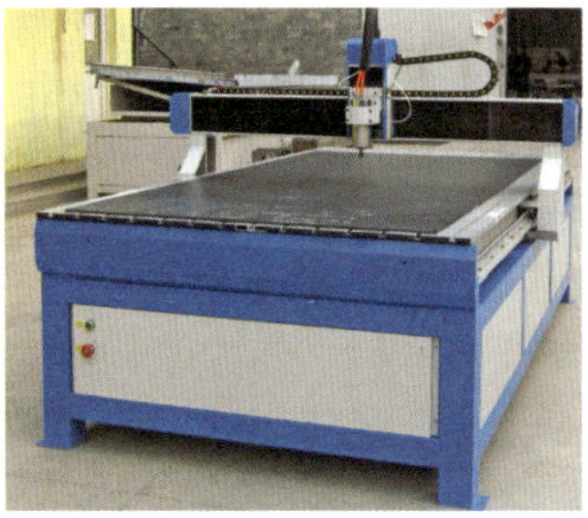

图7-7　雕刻机使用环境

图7-5：小型雕刻机占地面积小，雕刻速度快，适用于加工中小模型；使用时，应当将模型图纸分解到相应规格的板料上，经过精确排料后再进行雕刻。

图7-6：虽然每种雕刻机的操作软件均有所不同，但是大都能接受.dwt或.eps格式的图形；通过U盘将图形输入雕刻机，可在雕刻机的操作界面上编辑、输出，完成快速雕刻。

图7-7：雕刻机使用时，需将其置于干燥、通风且洁净的工作环境中，同时雕刻机不可在强酸和强碱环境中长时间工作。

7.2.2　雕刻机使用方法

雕刻机功能较多，在使用时要协调好使用环境和加工环境，并做好日常保养、维护工作。

1. 雕刻机使用环境

雕刻机属于比较高科技化的机电一体化设备，使用时应避免将具有强电、强磁等的设备（图7-7），如电焊机和发射塔等与雕刻机置于同一空间内，会严重影响雕刻机信号传输。

雕刻机应当使用单相三线电源，且必须配置接地线，这也能减少其他设备对雕刻机的干扰，雕刻机使用时电压需符合规定，电压要避免大幅度波动，最好选用稳压器来维持电压平衡。

2. 软件使用

雕刻机所选用的软件多为雕刻机所指定的配套软件，设计图纸最初都由AutoCAD软件绘制。为了将AutoCAD的默认保存格式.dwg转化成雕刻机可识别的格式，大多数雕刻机会提供格式转换软件。如果没有提供相关软件，大多数雕刻机是可以识别.eps格式的，只要在AutoCAD软件中将图纸直接保存为.eps格式即可。

需要注意的是，雕刻机在运行中会雕刻出图纸文件中的所有图形，一定要在保存时仔细检查，删除不必要的图形和文字，删除重叠的线条图形，以免浪费雕刻材料。

3. 加工操作

（1）操作人员。雕刻精度如何，与操作人员的细心程度和对雕刻机操作的熟练程度有很大关系。

（2）刀具。雕刻机的加工精度与雕刻机刀具本身的特性和材质有很大关系，选择适合加工的刀具才能有效提高建筑模型的雕刻精度（图7-8）。

（3）加工工艺。雕刻机加工工艺也与模型的加工精度有关。在使用雕刻机时，要保证加工工艺的合理性。

4. 保养和维护

由于雕刻机加工时会产生较多粉尘，因此在日常使用中还需定期做好雕刻机的清洁工作。尤其是要定期对光杆、丝杆等部位进行清洁和润滑；如发现有质量问题，应及时更换（图7-9）。

图7-8　雕刻机专用刀具

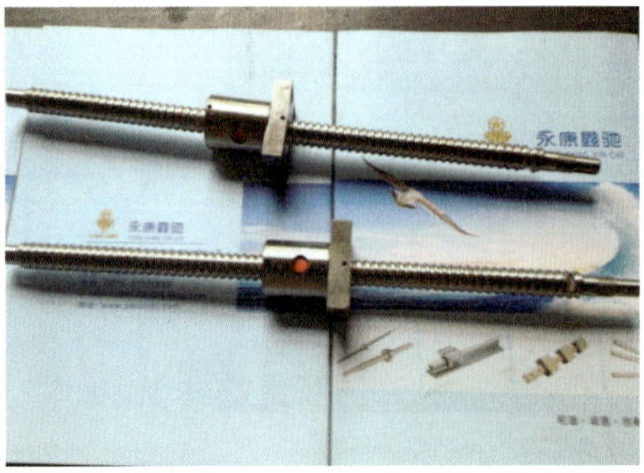

图7-9　雕刻机丝杆

图7-8：雕刻机常用刀具分为四种：平底尖刀、直刀（柱刀）、螺旋铣刀和3D异型刀。每一种刀具的刀尖宽度 、柄径、总长等参数各不相同。在挑选雕刻机刀具时，要根据需求选择合适的刀具。

图7-9：雕刻机一般有两种，一种是丝杆机，另一种是齿条机。丝杆机的速度没有齿条机快，但加工精度比齿条机高。为了保证模型制作的精度，常选用丝杆机。

7.3　3D打印技术

3D打印技术是当前比较热门的技术手段，该技术使得模型的制作效率有了显著提高。本节主要介绍3D打印机和3D打印笔。

7.3.1　3D打印机

1. 基本概念

3D打印又称增材制造,是一种材料快速成型技术。3D打印是以数字模型文件为基础，运用粉末状金属或塑料等材料，通过逐层打印的方式来构造物体的技术。在建筑模型制作中，3D打印机可以用于制作形体构造复杂的零部件。

2. 制作过程

3D打印机的设计过程是：先通过计算机建模软件建模，再将建成的3D模型“分区”成逐层的截面，即切片，从而指导打印机逐层打印；设计软件和打印机之间协作的标准文件格式通常是STL文件格式。STL文件使用三角面来近似模拟物体的表面，三角面越小，其生成的表面分辨率越高；通常一个桌面尺寸大小的3D打印机就可以满足模型设计者的需要（图7-10、图7-11）。

3. 3D打印机的特点与优势

3D打印机使用时不必添加任何模具，只需连接计算机，导入图形数据便能快速生成任何形状的零部件。利用3D打印机制作建筑模型，不仅能够降低成本，减少材料浪费，还能制作出更具创意和艺术美感的建筑模型。此外，与机械加工的建筑模型相比，使用3D打印机制作出的建筑模型质量更轻，保存更方便，两种加工方式所制作的模型坚固程度也基本没有差别。

7.3.2　3D打印笔

3D打印笔携带方便，通电即可使用，比较适合于小型且结构不是过于复杂的建筑模型制作。3D打印笔在使用前，设计师需要先理清建筑模型的设计图纸，然后再根据模型平面图绘制图形。需要注意的是，使用3D打印笔制作建筑模型时，设计师应具有较好的手绘能力和想象力（图7-12～图7-14）。

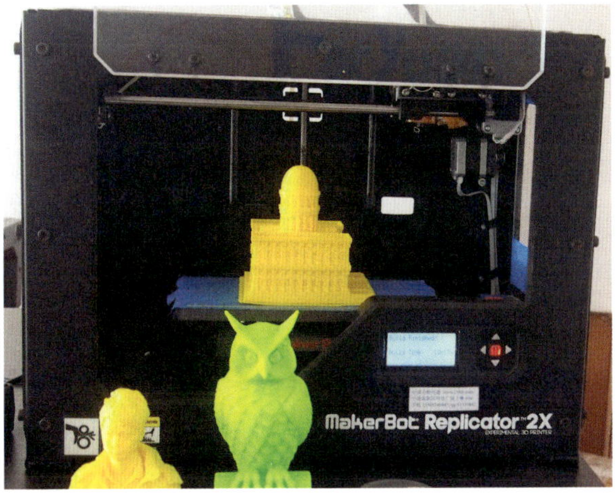

图7-10 3D打印机使用

图7-11 3D打印机制作的建筑模型

图7-10：3D打印机的运行过程类似于传统打印机，只不过传统打印机是将墨水打印到纸上形成二维的平面图纸；而3D打印机是将液态光敏树脂材料、熔融的塑料丝，或石膏粉等材料通过喷射黏合剂或挤出等方式实现层层堆积叠加，形成3D实体。

图7-11：利用3D打印机可以将设想和草图真实地表现出来，使设计真实可见。目前专业的3D打印机可以打印出高细节、表面平滑的建筑模型。

图7-12 3D打印笔

图7-13 3D打印笔耗材

图7-14 3D打印笔制作的建筑模型

图7-12：3D打印笔主要由电源孔、进料孔、电源指示灯、退料键、进料键、温度调节键、散热口等结构部件组成，通电使用时注意不要触碰笔尖。

图7-13：3D打印笔的常用耗材主要有生物可降解材料即PCL材料、PLA材料，以及ABS材料等。PCL材料熔点较低，色彩鲜艳，且无毒、无味、可降解，可轻易造型，但这种材料不耐高温；PLA材料具有耐高温、无毒、无味、不易收缩、不易变形等特点，适用于制作结构比较精细的模型，但这种材料柔韧性较差，且不耐冲击，使用该材料容易堵料；ABS材料同样具有耐高温、可降解等特点，且该材料可塑性较强，强度也较高，可用于制作结构比较精细的模型，不足之处在于该材料冷却后容易收缩，使用时也会有异味。

图7-14：3D打印笔通过喷射出软质液料，在凝固过程中可形成线状造型，适用于表现造型复杂的框架建筑构造。

7.4 机械加工方法

机械加工建筑模型时，要求设计师能够熟练掌握各类机械加工设备的基本操作方法；制作工具使用时应能得心应手；同时，还能统筹全局，使建筑模型更具完整性（图7-15、图7-16）。

7.4.1 机械加工技巧

要学会各种机械加工技巧，以便能及时调整机械设备的操作参数，制作出更精致的建筑模型。

1. 选用合适的钳口

使用机械加工建筑模型时，要选用耐用性较强的软钳口；可以利用厚1.5mm的钢板和厚0.8mm的硬质黄铜板，配合埋头铆钉，将这两种板材与钳口固定在一起，并与钳口平齐，就制作成了能够保护模型零部件的软钳口。

2. 选用合适的旋具

旋具用于紧固或拆卸模型构件上的螺栓或螺母。在机械加工时，要选择规格合适的旋具。当所选旋具着力点不足时，可利用内径比旋具略大一点的管，将其与旋具并为一体，并插入施工槽内，以增大扭矩，降低操作难度。

7.4.2 机械加工注意事项

1. 保持操作界面洁净

机械设备的工作桌面一定要处于比较干净的状态，备用的锯片、磨光片和钻孔备用物等可置于操作台旁待用，还要注意做好安全防护措施。此外，在更换锯片或磨光片时应当关闭电源（图7-17）。

2. 做好制作材料表面的处理

使用机械加工建筑模型时，首先必须确保模型材料表面没有钉子或螺丝，也没有明显的凹陷区域；其次，还需要使用相关的工具对这些模型材料进行基础性裁切、剖切或锯切，使其能够更好地适用于模型制作机械设备的加工（图7-18、图7-19）。

3. 做好安全防护工作

在制作建筑模型过程中，以手工操作切割、钻孔、打磨等时，不要戴织物手套，以免锯片、钻头等将手套卷入设备，对人身体造成伤害。

4. 材料切割要精准

为保证建筑模型的美观，在使用机械切割材料时必须严格按照要求施工，材料的切割参考线绘制要精准，切割所选用的刀具也要合适，切割平台也

图7-15 局部喷漆

图7-16 合理布置绿植

图7-15：小型构件采用双面胶或热熔胶临时固定在喷涂台面上，进行喷涂。

图7-16：绿化应当在主体建筑置入前制作到位，以免后期制作破坏主体建筑构造。

图7-17　洁净的机械加工区

图7-18　依轮廓获取模型零部件

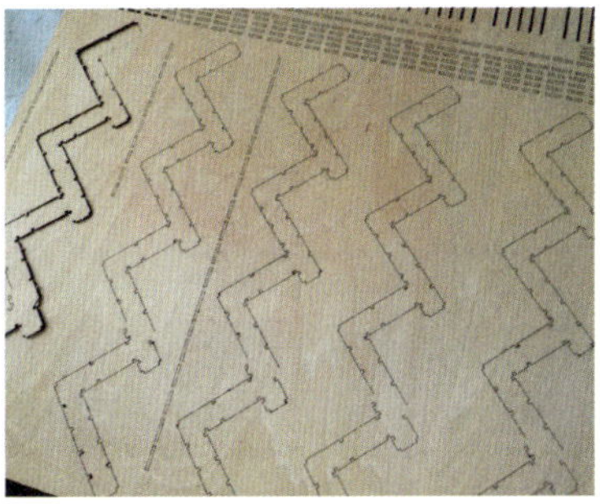
图7-19　裁切后板面保持平整

图7-17：要求每个工作日打扫加工区，防止灰尘、杂物进入设备中。

图7-18：在设计软件中，按图形根据板料尺寸完成排料，同时依轮廓获取模型零部件。

图7-19：异形板料雕刻应适当设计连接点，防止在雕刻过程中脱离母板，被雕刻刀头触碰导致破坏。裁切后，板面应保持平整。

图7-20　曲线锯对板材锯切

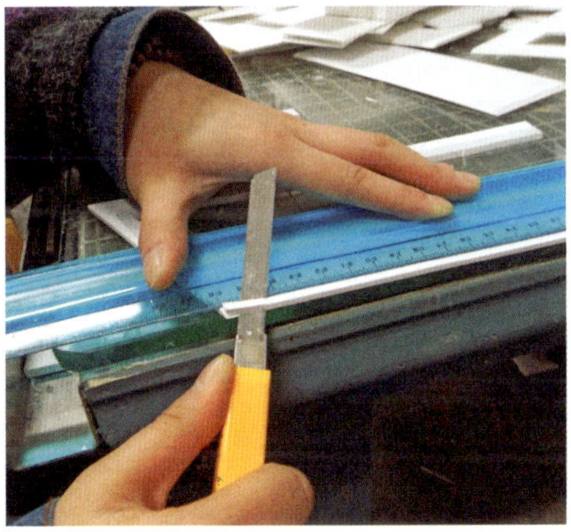
图7-21　美工刀对PVC板进行倒角修切

图7-20：曲线锯加工速度应当缓慢，不能急躁；应用手扶稳板料，手与切割锯片保持30mm以上距离。

图7-21：用美工刀对PVC板进行倒角修切时，尽量保持45°角；当然也不必强求，后期可以用砂纸打磨、修饰。

必须干净、平坦。此外，对于特殊造型，仍需采用手工修饰处理（图7-20、图7-21）。

5. 正确使用工作台面

使用机械加工建筑模型时不可同时使用横、纵台面，已经切割好的材料必须与机械隔离开来；否则，容易与锯片相撞，导致锯片受损，材料断裂。

6. 注意小构件的加工

（1）规格较小的模型构造，加工时往往握持力不佳，且容易倾斜。因此，使用机械横向切割模型小构件时，应当选用质地轻薄且四边平整的木板，以便能够在横向方向上延长模型构件，并以此增强模型构件的握持力。此外，在机械施工时还需控制好锯片的伸出长度，通常应超出模型构件6～10mm。

（2）使用磨光机或锉刀打磨建筑模型小构件表面时，可选择使用木板来辅助加工；这样也能控制住模型构件，使磨光工作保持稳定。

7. 磨光机使用方向要正确

磨光机的转动方向应当是垂直向下，在打磨模型构件时应当只在一旁打磨。如果同时在另一边也要完成磨光工作的话，可能会造成灰尘被掀起，污染模型构件（图7-22～图7-24）。

图7-22　绳锯切割与工作台面

图7-23　小结构打磨

图7-24　磨光机打磨

图7-22：绳锯适用于密度较高的木料、塑料切割。因锯条较细，容易断裂，操作台面应当保持干净，以避免杂物与锯条发生接触，对锯条产生破坏。

图7-23：使用磨光机打磨完小构件后，还需用锉刀再次细化构件，可使用夹持工具将小构件固定在工作台上，使其与工作台呈垂直关系；然后，再用锉刀打磨构件，直至形成平整且光滑的表面。

图7-24：在使用磨光机打磨构件时，需来回摇动模型，这样能够避免摩擦时产生的热量灼烧模型表面，使其表面出现烧焦或凹槽等不佳现象。

- 补充要点 -

雕刻机选购

首先，需要明确雕刻机的工作性质，应根据模型材料的大小、材质、厚度、重量，以及雕刻要求、雕刻效果等选择雕刻机。其次，要根据需要选择不同的型号，并安装相对应的软件。最后，在正式购买前观察雕刻样品，并选择样品材料完成现场雕刻，观察雕刻时的工作状况和最终雕刻效果。

7.5　模型的组装与修饰

将建筑模型构件根据设计图纸组装在一起，并进行必要的修整和装饰，这些均需要设计师具备足够的耐心与较高的审美能力。

7.5.1　组装要领

建筑模型的装配工作可分为部件装配和总装配，主要包括基础装配、后期调整、模型审核、模型涂装、模型底台包装等工作（图7-25）。

1. 基本条件

建筑模型装配时要明确模型构件的安装位置和连接方式，固定完成的建筑模型构件应具备可调性。

2. 装配方法

建筑模型装配时要确定好装配顺序，常用的

（a）建筑模型构件组装

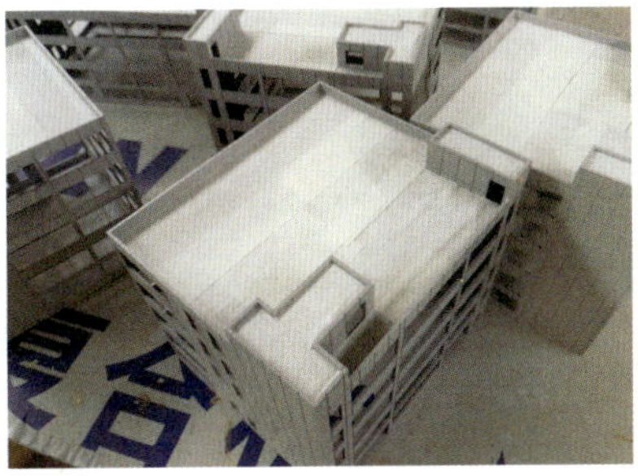

（b）建筑模型局部涂装

（c）建筑模型底台包装覆面

图7-25　建筑模型装配过程

图7-25（a）：ABS板采用丙酮胶水粘接，无明显粘接痕迹；组装、粘接时要严格保持横平竖直，对照图纸在模型构件底部编号，方便后期对应位置进行安装。

图7-25（b）：多色喷漆时要将其他色彩部位用美纹纸粘贴，防止颜色误喷而导致污染。

图7-25（c）：模型底台多采用细木工板或中密度纤维板制作，制作方式与常规家具类似；只是外部装饰需根据模型内容而定。本图的模型展台为军事沙盘模型，因此选用数码迷彩布覆盖，采用白乳胶将数码迷彩布粘贴到底台板材表面，周边转角至内侧，采用U形气排钉固定。

装配方法可细分为调整法、修配法和选配法等。

（1）调整法。在装配时，可使用调整件来加强模型构件的稳固性，常用的调整件有螺纹件、斜面件等。这种方法比较适用于规格较小、结构比较复杂的建筑模型。

（2）修配法。可使用锉、削、刨、磨等工艺来改变模型构件的形状、规格等，使其能够满足美观要求。这种方法装配效率较低，且所需人工成本较高，对操作人员的专业要求也较高。

（3）选配法。选配法是根据模型构件的结构与特色和设计图纸要求，将彼此之间存在联系的模型构件置于同一处进行组合和装配。采用这种装配方式，能够有效节省时间。

3. 装配工艺

常见建筑模型的装配工艺很多，能够满足不同材料和结构的制作需要。

（1）清洁和修补。建筑模型装配之前应当对模型构件与底板进行基础清洁、修补，为了确保装配的紧密性和牢固性，必须要对模型构件表面进行检查；如有污渍或凹陷，应当及时作适当修补，还要根据模型材料的特性选择清洁方式和修补方式（图7-26）。

（2）整体平衡。应注重检查建筑模型构件四边是否平整，是否能够与其他构件稳固连接在一起。在装配过程中，应参照设计图纸及时调整模型构件的安装位置，以获得整体平衡（图7-27）。

（3）粘接。常见的纸质材料、轻薄塑料、木质材料等都可选用这种装配方式，部分金属材料也可选择该种方式。在装配之前，应根据材料特性选择合适的胶黏剂，可采用热熔胶、万能胶等。机械制作建筑模型时多选用成品树木，在粘接这些树木之前，应当将粘接面和被粘接面均清理干净，并在树木底部涂抹合适的胶黏剂；待树木固定后，还需将多余的胶黏剂清除掉，应注意粘接过程中树木不能歪斜（图7-28、图7-29）。

（4）刮削。在装配前对模型构件表面进行必要的刮削加工，可保证装配精度。由于材料不同，多为手工处理；有时也会选择精磨和精刨等方式来加工构件的装配面（图7-30）。

（5）螺纹连接。利用扳手、气动工具、电动旋具、液压旋具等工具紧固各种规格螺纹件，以此

图7-26　清理底盘（底板）台面灰尘

图7-27　模型构件平整

图7-26：中小型鼓风机是清除模型台面残余边角料的最佳工具，其工作效率高；同时，利用其能检查模型构件的安装牢固度，及时发现粘接不佳的树木、人物、车辆、草坪，及时补胶、修复。

图7-27：形体结构较长的建筑模型构件，应当摆放在玻璃台面上进行组合粘接，防止因台面不平而导致组装变形。

热熔胶枪口很烫，容易破坏已完成的模型构造，因此要备一块厚板垫在下部。

图7-28　采用热熔胶粘接树木

还应控制挤压溢出的热熔胶量；不要用手或工具抹除热熔胶，以防止出现拉丝现象。

图7-29　树木粘接保持垂直

图7-28：热熔胶的平面粘接能力不强，主要用于形体较大的树木插接安装；可预先采用电钻在底板上钻孔，再将热熔胶少许涂抹到树木底端，迅速将树木插入孔中，能瞬时干固。

图7-29：插入树木时应保持垂直，每插入一棵树，至少应当在两个角度观察是否垂直。

来实现装配建筑模型的目的。

（6）校正。校正也是审核建筑模型装配效果的过程；需要应用各种测量工具测量建筑模型的零构件规格是否正确，各构件的配合面形状是否准确，以及各构件的安装位置是否准确等（图7-31）。

7.5.2　修饰要领

修饰的目的是完善建筑模型，使其具备更高的观赏价值。

图7-30 采用美工刀刮削雕刻板料边缘

图7-31 校正摆放位置

图7-30：在机械雕刻中，部分硬质材料需要待雕刻完毕后再精修，主要为PC板、厚有机玻璃板等；或换用高强度雕刻刀头进行加工。

图7-31：每个模型构件组装并完成喷漆后，应当根据图纸编号预摆放，待确定无误后再粘贴固定；部分大面积建筑模型，需要在展陈现场组装，以免因运输不便而导致破坏。

1. 确定修整顺序

建筑模型所囊括的内容较多，如单体建筑、桥梁、绿地、树木、花坛、水池、座椅、汽车、路灯等；通过确定严谨的修整顺序，能够有效提高模型的制作效率，也能避免漏项。常见的修整顺序包括由主到次、由左到右等；同时，也可根据模型元素的不同，进行分类修整。

2. 修整时要有条理

建筑模型的修整工作通常不能很仓促，需要设计师缓慢且有条理地完成修整工作。修整时，要注意保持模型构件的基础形状，构件尺寸需符合设计规定；不可改变模型构件的形状，否则不仅会破坏建筑模型的整体构造，对建筑模型整体的稳固和美观也会有很大影响。

3. 选择不同的喷涂材料

不同性质的喷涂材料有不同的浸透性，应当根据制作材料的不同来选择合适的喷涂材料；喷涂的颜色应当符合设计要求（图7-32）。

（1）有机玻璃树脂涂料。这种涂料有很好的显色性，适用的材料种类也较多，使用比较方便；通常由塑料制作而成的模型构件多选用该种涂料上色。

（2）油性着色剂。这种着色剂也被称为染料类涂料，它能渗入材料的纤维或气孔中，着色效果较好；除了油性着色剂外，还有水性着色剂。水性着色剂不适用于木质材料的喷涂。

（a）建筑模型上色前

（b）建筑模型上色完成

图7-32　建筑模型喷涂修饰

图7-32（a）：建筑模型上色前通常不安装内部窗户上的有机玻璃板，待喷漆完成后，再安装；喷漆前应修饰边角毛刺，避免涂料挂流。

图7-32（b）：喷漆后安装窗户上的有机玻璃板、窗台围栏、空调罩围栏、阳台围栏等构件，所选用的喷漆为聚酯漆，其色彩丰富、价格低廉、附着力强。

7.6　建筑模型机械加工制作步骤

机械加工建筑模型过程十分严谨，应依照特定的制作步骤，在有限的时间内完成模型制作；同时，应尽量减少误差和漏项，提高机械加工建筑模型的制作效率（图7-33）。

7.6.1　工业厂区建筑模型制作

工业厂区内多会配置生产区、住宿区、休闲区、绿化区等。在制作工厂区建筑模型时，要有良

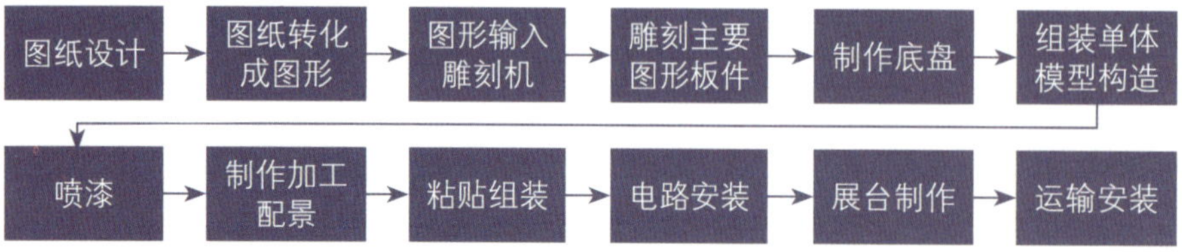

图7-33　机械加工建筑模型制作步骤

图7-33：机械加工设备与板料价格较贵，生产成本相对较高。因此，需要一套严格的步骤来指导建筑模型的制作，以降低成本，提高效益。

好的大局观念，建筑模型的比例与楼间距等要调节好，绿化面积在整体模型中所占的比例要合理，整体模型在视觉感官上一定要平衡（图7-34）。

7.6.2 飞机场建筑模型制作

飞机场主要包括飞行区、航站区、工作区、塔台设施区、气象设施区、供油设施区、机务维修区、消防急救区、进场道路区等，要明确这些功能分区的位置，并能合理布局。在制作之前，应收集相关的设计资料，如飞机场未来的航空业务量、飞机场的发展规模和规划要求、飞机场主要设施各自所占面积比例、飞机场的平面布局图、飞机场和周边区域的土地规划情况、飞机场的绿化面积要求、飞机场的绿化布局要求、飞机场模型制作的投资和预算等（图7-35）。

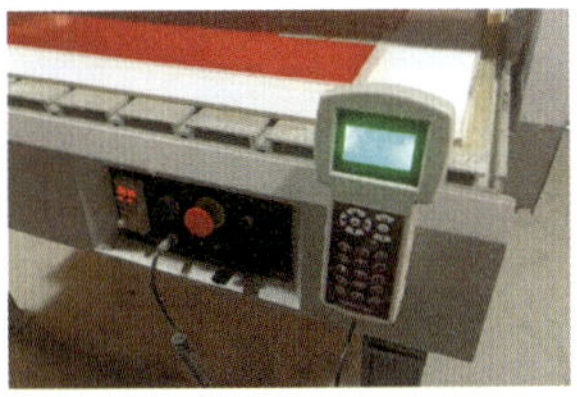
（a）在雕刻机内输入图纸信息

（b）调整好数据后开始雕刻

（c）取出雕刻好的图形，待用

（d）雕刻好的建筑标记，待用

（e）雕刻好的文字说明，待用

（f）用刷子清除图形上的碎末

（g）安装泡沫造型板和灯带

（h）粘贴模型底板饰面

（i）涂刷胶黏剂，撒下草粉

（j）用刷子扫除多余草粉

（k）打印道路并粘贴

（l）根据图纸，布置绿植

（m）组装单体建筑

（n）准备好喷涂材料

（o）使用喷枪给建筑上色

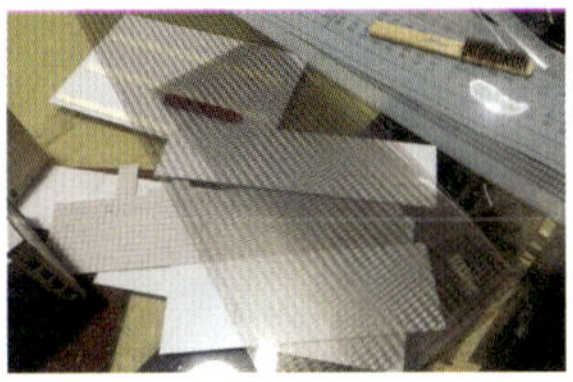
（p）根据需要，裁剪窗户PC板

图7-34 工厂园区建筑模型制作步骤

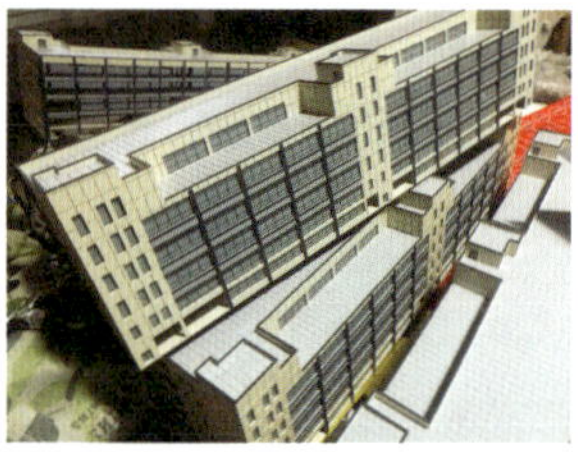
（q）粘贴窗户并完善建筑物

（r）粘贴、安装建筑物

（s）根据图纸，布置建筑物

（t）放置人物模型

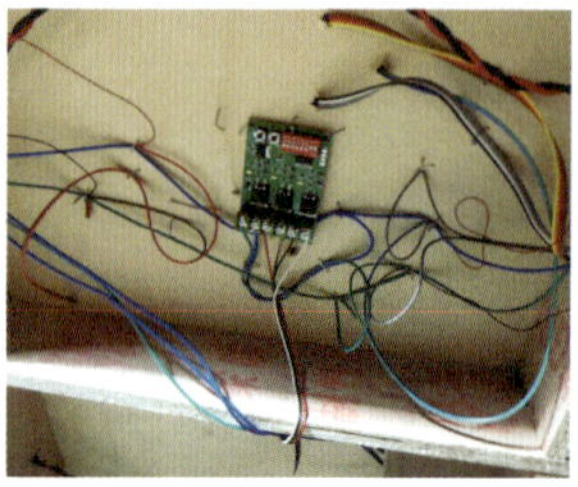
（u）检查电路，安装开关

（v）底盘（底板）制作完成后，检查灯具亮度，以及是否有漏项；若无，则可交付使用

图7-34　工厂园区建筑模型制作步骤（续）

（a）输入飞机场图纸信息并调试

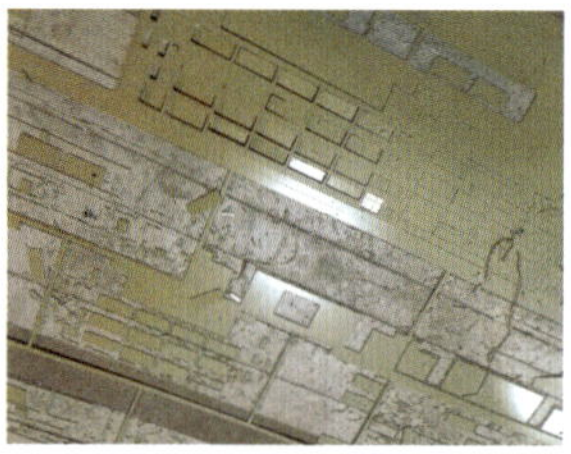
（b）部分雕刻图形，待用

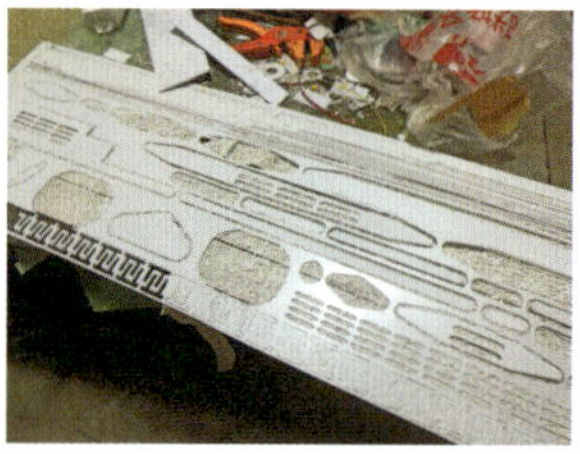
（c）处理好的部分雕刻图形，待用

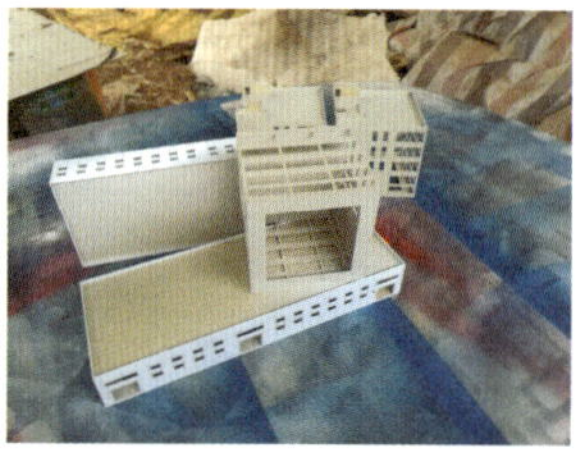
（d）组装单体建筑

（e）准备窗户模型

（f）建筑组装完毕，待用

（g）建筑上色

（h）选择合适的绿植并粘贴

（i）准备飞机模型，待用

（j）裁剪合适的草皮，待用

（k）根据图纸，配置建筑物

（l）粘贴飞机模型并规整建筑

图7-35　飞机场规划建筑模型制作步骤

（m）根据图纸，安装剩余路边线

（n）完善绿化，并安置车辆模型

（o）电路安装后检查

（p）制作底盘（底板）

（q）底盘（底板）包装

（r）制作文字说明牌

（s）制作完成，检查灯具亮度，以及是否有漏项；若无，则可交付使用

图7-35　飞机场规划建筑模型制作步骤（续）

本章小结

机械加工建筑模型的制作十分严谨，且随着科技和时代的进步，用于制作建筑模型的机械设备技术水平也在不断提高，其功能将会日益强大，制作精度和效率也会更高。但无论如何，设计师必须明确一点，建筑模型的质量与技术水平的关键在于人，在于模型设计师的专业素养与水平。

课后练习

1. 熟记雕刻机的使用方法。
2. 在进行机械加工时需注意哪些方面？
3. 简述3D打印与其他材料制作出的建筑模型的优缺点。
4. 掌握建筑模型图纸绘制的特点。
5. 自主设计一件建筑模型，并进行3D打印。
6. 以小组为单位，对机械模型配件进行组装与装饰。作业数量：2份。将两个建筑模型进行拍摄，将照片排版在400mm×400mm的KT板上进行展示。建议完成课时：5课时。
7. 通过网络、书籍等资源，查找北京天坛的相关建筑数据及SketchUp模型，并打印相关图纸，对北京天坛这一建筑模型进行搭建和装饰。

参考文献 REFERENCES

[1] 科诺，黑辛格尔．建筑模型制作：模型思路的激发[M]．王婧，译．2版．大连：大连理工大学出版社，2007.

[2] 远藤义则．建筑模型制作[M]．北京：中国青年出版社，2013.

[3] 原口秀昭．图解建筑设计入门[M]．潘琳，译．南京：江苏凤凰科学技术出版社，2020.

[4] 建筑知识编辑部．易学易用建筑模型制作手册[M]．2版．上海：上海科学技术出版社，2020.

[5] 尼克·邓恩．建筑模型制作[M]．2版．北京：中国建筑工业出版社，2018.

[6] 叶先进．地理美育：建筑赏析与模型制作[M]．南京：南京师范大学出版社，2016.

[7] 杨丽娜．建筑模型设计与制作[M]．北京：中国轻工业出版社，2017.

[8] 梁宇坤．模型摄影与特效场景技术指南[M]．北京：机械工业出版社，2018.

[9] 杨大奇．建筑模型制作[M]．长沙：湖南大学出版社，2019.

[10] 周忠凯，赵继龙．建筑设计的分析与表达图式[M]．南京：江苏凤凰科学技术出版社，2018.